数 字 艺 术 精 品 课 程 培 训 教 材

中文版
CorelDRAW 2020
基础培训教程

数字艺术教育研究室 编著

人民邮电出版社

北 京

图书在版编目（CIP）数据

中文版CorelDRAW 2020基础培训教程 / 数字艺术教
育研究室编著. -- 北京 : 人民邮电出版社, 2022.6（2024.7重印）
ISBN 978-7-115-58153-2

Ⅰ．①中… Ⅱ．①数… Ⅲ．①图形软件－教材 Ⅳ．
①TP391.41

中国版本图书馆CIP数据核字(2021)第251032号

内 容 提 要

本书全面系统地介绍 CorelDRAW 2020 的基本操作方法和矢量图形的制作技巧，包括 CorelDRAW 2020 的基本操作和图像的基础知识、绘制和编辑图形、绘制和编辑曲线、编辑轮廓线与填充颜色、排列和组合对象、编辑文本、编辑位图、应用特殊效果，以及商业案例实训等内容。

本书以课堂案例为主线，通过对各案例实际操作的讲解，可以帮助读者快速上手，熟悉软件功能和艺术设计思路。书中的软件功能解析部分可以帮助读者深入学习软件功能；课堂练习和课后习题部分可以拓展读者的实际应用能力，使读者熟练掌握软件使用技巧；商业案例实训部分可以帮助读者快速掌握商业图形的设计理念和设计元素，从而顺利达到实战水平。

本书附带学习资源，包括书中所有案例的素材、效果文件和在线视频。另外，提供教师资源，包括 PPT 课件、教学大纲、授课计划、电子教案、教学案例、教学视频及教学题库等。

本书适合作为相关院校平面设计、电商设计和 UI 设计等艺术类专业和培训机构 CorelDRAW 课程的教材，也可作为相关 CorelDRAW 自学人员的参考用书。

◆ 编　　著　数字艺术教育研究室
　　责任编辑　张丹丹
　　责任印制　马振武

◆ 人民邮电出版社出版发行　　北京市丰台区成寿寺路 11 号
　　邮编　100164　电子邮件　315@ptpress.com.cn
　　网址　https://www.ptpress.com.cn
　　固安县铭成印刷有限公司印刷

◆ 开本：787×1092　1/16
　　印张：15.5　　　　　　　　2022 年 6 月第 1 版
　　字数：408 千字　　　　　　2024 年 7 月河北第 7 次印刷

定价：59.90 元

读者服务热线：(010)81055410　印装质量热线：(010)81055316
反盗版热线：(010)81055315
广告经营许可证：京东市监广登字 20170147 号

前 言

软件简介

　　CorelDRAW是由Corel公司开发的矢量图形处理和编辑软件。它在插画设计、平面设计、排版设计、包装设计、界面设计、产品设计和服饰设计等领域都有广泛的应用。其功能强大、易学易用，深受图形图像处理爱好者和平面设计人员的喜爱，已成为设计相关领域最流行的软件之一。

如何使用本书

01　精选基础知识，快速上手 CorelDRAW

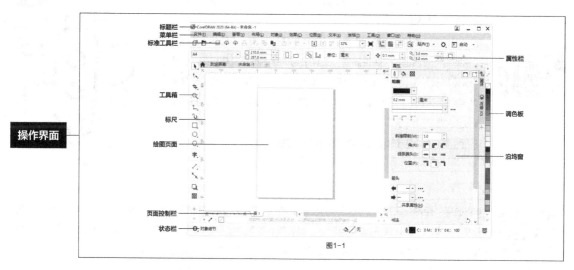

图1-1

基础绘图＋高级绘图＋版式编排＋特效应用四大核心功能

2.1 绘制图形

使用CorelDRAW 2020的基本绘图工具可以绘制简单的几何图形。通过本节的讲解和练习，读者可以初步掌握CorelDRAW 2020基本绘图工具的特性和使用方法，为今后绘制更复杂、更优质的图形打下坚实的基础。

精选典型商业案例

2.1.1 课堂案例——绘制旅行插画

案例学习目标 学习使用几何绘图工具、常见形状工具、"螺纹"工具和填充工具绘制旅行插画。

了解目标和要点

案例知识要点 使用"矩形"工具、"圆角半径"选项、"形状"工具、"轮廓笔"对话框、"属性滴管"工具绘制机身、机翼及螺旋桨；使用"常见形状"工具绘制圆环；使用"螺纹"工具绘制装饰图案；使用"2点线"工具、"椭圆形"工具和"变换"泊坞窗绘制云彩。旅行插画效果如图2-1所示。

效果所在位置 学习资源\Ch02\效果\绘制旅行插画.cdr。

图2-1

案例步骤详解

08 选择"矩形"工具□，在适当的位置绘制一个矩形，如图2-16所示。选择"属性滴管"工具⯒，将鼠标指针放置在矩形右侧的圆角矩形上，鼠标指针变为✐图标，如图2-17所示。在圆角矩形上单击吸取其属性，鼠标指针变为◆图标，在需要的图形上单击，填充图形，效果如图2-18所示。

2.1.2 绘制矩形

"矩形"工具用于绘制直角矩形、圆角矩形等。

1. 绘制直角矩形

完成案例后深入学习软件功能和特色

选择工具箱中的"矩形"工具□，在绘图页面中按住鼠标左键不放，拖曳鼠标到需要的位置，松开鼠标左键，完成矩形的绘制，如图2-64所示。属性栏如图2-65所示。

按Esc键，取消矩形的选中状态，效果如图2-66所示。选择"选择"工具▶，在刚绘制好的矩形上单击，可以选中矩形。

图2-64　　　　　　　　　　　　　　　　图2-65　　　　　　　　　　　图2-66

更多商业案例

课堂练习——绘制收音机图标

练习知识要点 使用"矩形"工具、"椭圆形"工具、"3点椭圆形"工具、"常见形状"工具和"变换"泊坞窗绘制收音机图标。效果如图2-210所示。

效果所在位置 学习资源\Ch02\效果\绘制收音机图标.cdr。

图2-210

巩固本章所学知识

课后习题——绘制卡通汽车

习题知识要点 使用"矩形"工具、"椭圆形"工具、"变换"泊坞窗、"PowerClip"命令和"水平镜像"按钮绘制卡通汽车。效果如图2-211所示。

效果所在位置 学习资源\Ch02\效果\绘制卡通汽车.cdr。

图2-211

图标设计

插画设计

宣传单设计

Banner 设计

图书封面设计

包装设计

教学指导

本书的参考学时为64学时，其中讲授环节为30学时，实训环节为34学时，各章的参考学时参见下面的学时分配表。

章序	课程内容	学时分配	
		讲授	实训
第1章	初识 CorelDRAW 2020	2	—
第2章	绘制和编辑图形	4	4
第3章	绘制和编辑曲线	2	4
第4章	编辑轮廓线与填充颜色	2	4
第5章	排列和组合对象	2	4
第6章	编辑文本	4	4
第7章	编辑位图	2	4
第8章	应用特殊效果	6	4
第9章	商业案例实训	6	6
学时总计		30	34

配套资源

● **学习资源**

案例素材文件　　最终效果文件　　在线教学视频　　赠送扩展案例

● **教师资源**

教学大纲　　授课计划　　电子教案　　PPT 课件

教学案例　　教学视频　　教学题库　　实训项目

这些配套资源文件均可在线获取，扫描"资源获取"二维码，关注微信公众号，即可得到资源文件获取方式，并且可以通过该方式获得在线教学视频的观看地址。如需资源获取技术支持，请致函szys@ptpress.com.cn。

资源获取

教辅资源表

本书提供的教辅资源可参见下面的教辅资源表。

教辅资源类型	数量	教辅资源类型	数量
教学大纲	1套	课堂案例	23个
电子教案	9单元	课堂练习	17个
PPT 课件	9个	课后习题	17个

与我们联系

本书由"数艺设"出品，"数艺设"社区平台（www.shuyishe.com）为您提供后续服务。

我们的联系邮箱是szys@ptpress.com.cn。如果您对本书有任何疑问或建议，请发邮件给我们，并请在邮件标题中注明本书书名及ISBN，以便我们更高效地做出反馈。

如果您有兴趣出版图书、录制教学课程，或者参与技术审校等工作，可以发邮件给我们。如果学校、培训机构或企业想批量购买本书或"数艺设"出版的其他图书，也可以发邮件给我们。

如果您在网上发现针对"数艺设"出品图书的各种形式的盗版行为，包括对图书全部或部分内容的非授权传播，请您将疑似有侵权行为的链接通过邮件发给我们。您的这一举动是对作者权益的保护，也是我们持续为您提供有价值内容的动力之源。

关于"数艺设"

人民邮电出版社有限公司旗下品牌"数艺设"，专注于专业艺术设计类图书出版，为艺术设计从业者提供专业的图书、视频电子书、课程等教育产品。"数艺设"出版领域涉及平面、三维、影视、摄影与后期等数字艺术门类，字体设计、品牌设计、色彩设计等设计理论与应用门类，UI设计、电商设计、新媒体设计、游戏设计、交互设计、原型设计等互联网设计门类，环艺设计手绘、插画设计手绘、工业设计手绘等设计手绘门类。更多服务请访问"数艺设"社区平台www.shuyishe.com。我们将为您提供及时、准确、专业的学习服务。

目 录

第7章 编辑位图

第8章 应用特殊效果

第9章 商业案例实训

第 1 章

初识CorelDRAW 2020

本章介绍

掌握CorelDRAW 2020的基础知识和基本操作是学习此软件的基础。本章将主要介绍CorelDRAW 2020的工作界面、文件的基本操作、页面布局的设置方法和图像的基础知识。通过学习本章内容，读者可以初步认识和简单使用这一创作工具，为后期的设计制作工作打下坚实的基础。

学习目标

● 熟悉CorelDRAW 2020的工作界面。

● 熟练掌握文件的基本操作。

● 掌握页面布局的设置方法。

● 了解图像的基础知识。

技能目标

● 了解CorelDRAW 2020工作界面的各个组成部分。

● 熟练掌握文件的基本操作。

● 能熟练设置页面大小、布局、背景，以及插入、删除与重命名页面。

● 能够正确识别矢量图、位图以及相应的文件格式。

1.1 CorelDRAW 2020的工作界面

本节将介绍CorelDRAW 2020的工作界面，并简单介绍CorelDRAW 2020的菜单栏、标准工具栏、工具箱及泊坞窗。

1.1.1 工作界面

CorelDRAW 2020的工作界面主要由标题栏、菜单栏、标准工具栏、属性栏、工具箱、标尺、调色板、绘图页面、页面控制栏、泊坞窗、状态栏等部分组成，如图1-1所示。

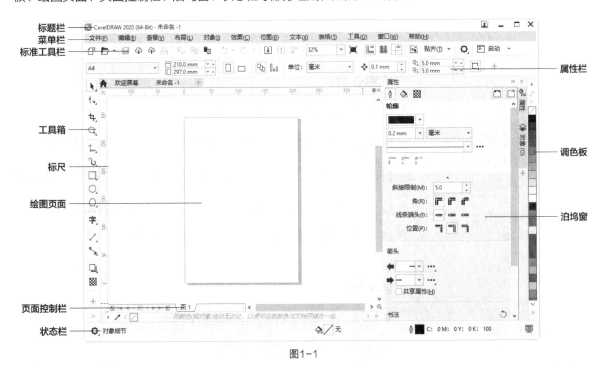

图1-1

标题栏： 用于显示软件名和当前操作文件的文件名，还用于调整CorelDRAW 2020窗口的大小。

菜单栏： 集合了CorelDRAW 2020的所有命令，并将它们分门别类地放置在不同的菜单中，供用户选择使用。

标准工具栏： 提供了常用的工具按钮，可使用户轻松地完成基本的操作任务。

属性栏： 显示了绘制图形的信息，并提供了一系列可对图形进行相关修改操作的工具；在工具箱中选择不同的工具，属性栏中会显示该工具的相关选项。

工具箱： 分类存放CorelDRAW 2020中常用的工具，这些工具可以帮助用户完成各种工作；使用工具箱可以大大简化操作步骤，提高工作效率。

标尺： 用于度量图形的尺寸并对图形进行定位，是进行平面设计工作不可缺少的辅助工具之一。

调色板： 可以直接对选定的图形或图形边缘的轮廓线进行颜色填充。

绘图页面： 绘图窗口中带边框的矩形区域，只有此区域内的图形才可被打印出来。

页面控制栏： 用于创建新页面并显示文档各页面。

泊坞窗： CorelDRAW 2020中具有特色的窗口，因其可放在绘图窗口边缘而得名；它提供了许多常用的功能，使用户在创作时更加高效。

状态栏： 为用户提供了有关当前操作的各种提示信息。

1.1.2 菜单栏

CorelDRAW 2020的菜单栏包含"文件""编辑""查看""布局""对象""效果""位图""文本""表格""工具""窗口""帮助"12个菜单，如图1-2所示。

| 文件(F) 编辑(E) 查看(V) 布局(L) 对象(J) 效果(C) 位图(B) 文本(X) 表格(T) 工具(O) 窗口(W) 帮助(H) |

图1-2

单击每一个菜单都将弹出其下拉菜单。例如单击"编辑"菜单，将弹出图1-3所示的"编辑"下拉菜单。

下拉菜单中，最左边为图标，它和工具栏中具有相同功能的工具按钮一致，便于用户记忆和使用；最右边为操作快捷键，便于用户提高工作效率。

某些命令后带有▶标记，表示该命令还有子菜单，将鼠标指针悬停在命令上即可弹出子菜单。

某些命令后带有...标记，选择该命令即可弹出对话框，从而进行进一步设置。

此外，"编辑"下拉菜单中有些命令呈灰色显示，表示该命令当前不可使用，进行一些相关的操作后方可使用。

图1-3

1.1.3 标准工具栏

菜单栏的下方为工具栏，CorelDRAW 2020的标准工具栏如图1-4所示。

图1-4

这里存放了常用的工具按钮，如"新建"工具 、"打开"工具 、"保存"工具 、"从Corel Cloud打开"工具 、"保存至Corel Cloud"工具 、"打印"工具 、"剪切"工具 、"复制"工具 、"粘贴"工具 、"撤销"工具 、"重做"工具 、"导入"工具 、"导出"工具 、"发布为PDF"工具 、"缩放级别"工具 、"全屏预览"工具 、"显示标尺"工具 、"显示网格"工具 、"显示辅助线"工具 、"贴齐关闭"工具 、"贴齐"工具 、"选项"工具 、"应用程序启动器"工具 等。使用这些工具按钮，用户可以便捷地完成一些基本操作。

此外，CorelDRAW 2020还提供了一些其他的工具栏，用户可以在菜单栏中选择它们。例如，选择

"窗口 > 工具栏 > 文本"命令，可显示"文本"工具栏。"文本"工具栏如图1-5所示。

图1-5

选择"窗口 > 工具栏 > 变换"命令，则可显示"变换"工具栏。"变换"工具栏如图1-6所示。

图1-6

1.1.4 工具箱

CorelDRAW 2020的工具箱中放置着绘制图形时常用的一些工具，这些工具是每一个软件使用者都必须要掌握的基本操作工具。CorelDRAW 2020的工具箱如图1-7所示。

工具箱中依次排列着"选择"工具▯、"形状"工具▯、"裁剪"工具▯、"缩放"工具▯、"手绘"工具▯、"艺术笔"工具▯、"矩形"工具▯、"椭圆形"工具▯、"多边形"工具▯、"文本"工具▯、"平行度量"工具▯、"连接器"工具▯、"阴影"工具▯、"透明度"工具▯、"颜色滴管"工具▯、"交互式填充"工具▯等。

其中，有些工具按钮带有小三角标记◢，表示还有拓展工具栏，将鼠标指针放在工具按钮上，按住鼠标左键即可展开其对应的拓展工具栏。例如，将鼠标指针放在"平行度量"工具按钮▯上，按住鼠标左键将展开图1-8所示的拓展工具栏。

图1-7

图1-8

1.1.5 泊坞窗

CorelDRAW 2020的泊坞窗是十分有特色的窗口。当打开这类窗口时，它会停靠在绘图窗口的边缘，因此被称为"泊坞窗"。选择"窗口 > 泊坞窗 > 属性"命令，或按Alt+Enter组合键，即可弹出图1-9所示的"属性"泊坞窗。

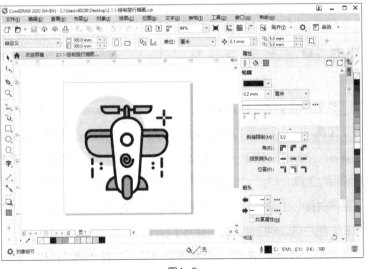

图1-9

可将泊坞窗拖曳出来放在任意位置，还可通过单击窗口右上角的 ⁑ 按钮或 ⁑ 按钮将泊坞窗折叠或展开，如图1-10所示。因此，泊坞窗又被称为"卷帘工具"。

CorelDRAW 2020泊坞窗的列表位于"窗口 > 泊坞窗"子菜单中，可以选择"泊坞窗"子菜单中的命令，打开相应的泊坞窗。用户可以打开一个或多个泊坞窗，当几个泊坞窗都被打开时，除了活动的泊坞窗之外，其余的泊坞窗将沿着泊坞窗右边的边框以标签形式显示，如图1-11所示。

图1-10

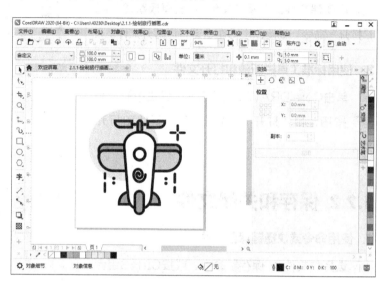

图1-11

1.2 文件的基本操作

掌握一些基本的文件操作是开始设计和制作作品的基础。下面将介绍CorelDRAW 2020文件的一些基本操作。

1.2.1 新建和打开文件

1. 在CorelDRAW 2020的欢迎窗口中新建和打开文件

CorelDRAW 2020启动时的欢迎窗口如图1-12所示。单击"新文档"图标，可以创建一个新的文档；单击"从模板新建…"按钮，可以使用系统默认的模板创建文件；单击"打开文件…"按钮，将弹出图1-13所示的"打开绘图"对话框，可以从中选择要打开的图形文件；单击最近使用过的文档预览图，可以打开最近编辑过的图形文件，文

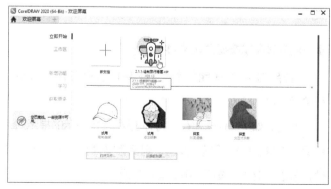

图1-12

档预览图的下方显示了文件名称、文件创建时间、
文件存储位置和文件大小等信息。

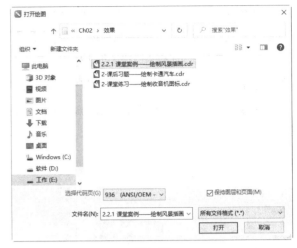

图1-13

2. 使用命令或快捷键新建和打开文件

选择"文件 > 新建"命令，或按Ctrl+N组合
键，可新建文件。选择"文件 > 从模板新建"或
"打开"命令，或按Ctrl+O组合键，可打开文件。

3. 使用标准工具栏新建和打开文件

单击CorelDRAW 2020标准工具栏中的"新
建"按钮🖸和"打开"按钮🖻·可以新建和打开
文件。

1.2.2 保存和关闭文件

1. 使用命令或快捷键保存文件

选择"文件 > 保存"命令，或按Ctrl+S组合
键，可保存文件。选择"文件 > 另存为"命令，或
按Ctrl+Shift+S组合键，可将文件另存为新文件。

如果是第一次保存文件，在执行上述操作后，
会弹出图1-14所示的"保存绘图"对话框。在对话
框中，可以设置文件路径、文件名、保存类型和版
本等保存选项。

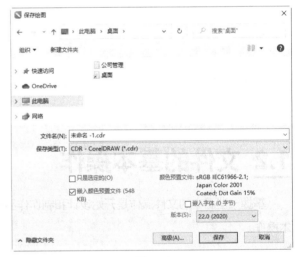

图1-14

2. 使用标准工具栏保存文件

单击CorelDRAW 2020标准工具栏中的"保存"按钮🖫可以保存
文件。

3. 使用命令或按钮关闭文件

选择"文件 > 关闭"命令，或单击绘图窗口右上角的"关闭"按钮⊠，
可关闭文件。

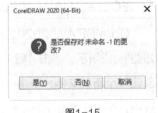

图1-15

此时，如果文件未保存，将弹出图1-15所示的提示对话框，询问用户是
否保存文件。单击"是"按钮，则保存文件；单击"否"按钮，则不保存文
件；单击"取消"按钮，则取消保存操作。

1.2.3 导入和导出文件

1. 使用命令或快捷键导入和导出文件

选择"文件 > 导入"命令，或按Ctrl+I组合键，弹出图1-16所示的"导入"对话框。在对话框中选择要导入的文件，单击"导入"按钮，导入文件。

选择"文件 > 导出"命令，或按Ctrl+E组合键，弹出图1-17所示的"导出"对话框。在对话框中设置文件路径、文件名和保存类型等导出选项，单击"导出"按钮，导出文件。

图1-16

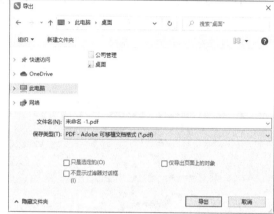

图1-17

2. 使用标准工具栏导入和导出文件

单击CorelDRAW 2020标准工具栏中的"导入"按钮⊡或"导出"按钮⊡可以将文件导入或导出。

1.3 设置页面布局

利用"选择"工具属性栏可以轻松地进行页面布局的设置。选择"选择"工具▶，选择"工具 > 选项"命令，或单击标准工具栏中的"选项"按钮⚙，或按Ctrl+J组合键，弹出"选项"对话框。在该对话框中单击"自定义"按钮▤，切换到相应的面板，选择"命令栏"选项，再勾选"属性栏"复选框，如图1-18所示，然后单击"OK"按钮，则可显示图1-19所示的"选择"工具属性栏。在该属性栏中，可以设置页面尺寸、页面的高度和宽度、页面的方向等。

图1-18

图1-19

1.3.1 设置页面大小

利用"布局"菜单中的"页面大小"命令，可以对页面进行更详细的设置。选择"布局 > 页面大小"命令，弹出"选项"对话框，如图1-20所示。

选择"页面尺寸"选项，可以对页面大小和方向进行设置，还可设置页面的渲染分辨率、出血等。

选择"标记预设"选项时，"选项"对话框如图1-21所示，这里有超过800种标签格式供用户选择。

图1-20

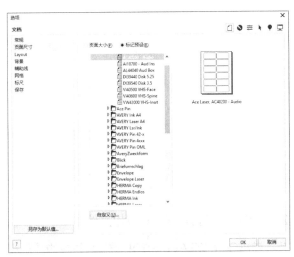

图1-21

1.3.2 设置布局

选择"Layout"选项时，"选项"对话框如图1-22所示，可从中选择布局的样式。

图1-22

1.3.3 设置页面背景

选择"背景"选项时，"选项"对话框如图1-23所示，可以从中选择纯色或位图作为页面的背景，也可以设置为无背景。

图1-23

1.3.4 插入、删除与重命名页面

1. 插入页面

选择"布局 > 插入页面"命令，弹出图1-24所示的"插入页面"对话框。在该对话框中，可以设置插入的页码数、位置、页面大小和方向等。

在CorelDRAW 2020状态栏的页面标签上单击鼠标右键，弹出图1-25所示的快捷菜单。在快捷菜单中选择插入页面的相关命令，即可插入新页面。

2. 删除页面

选择"布局 > 删除页面"命令，弹出图1-26所示的"删除页面"对话框。在该对话框中，可以设置要删除页面的序号，还可以同时删除多个连续的页面。

3. 重命名页面

选择"布局 > 重命名页面"命令，弹出图1-27所示的"重命名页面"对话框。在对话框的"页名"文本框中输入名称，单击"OK"按钮，即可重命名页面。

图1-24

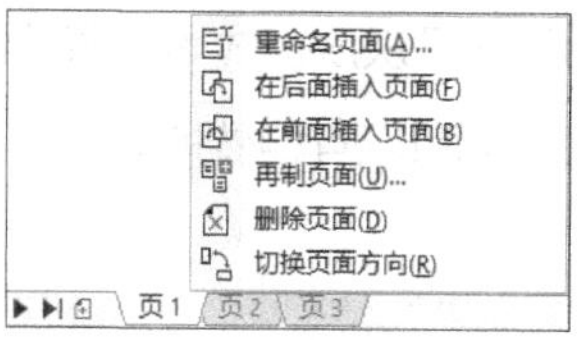

图1-25

图1-26

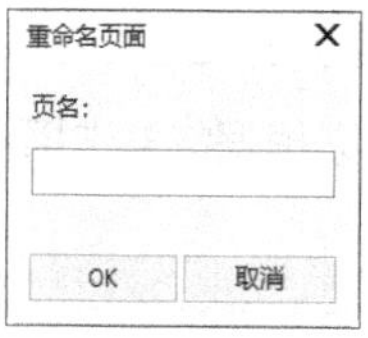

图1-27

1.4 图像的基础知识

如果想要学好CorelDRAW 2020，就需要对图像的种类、色彩模式及文件格式有所了解，下面进行详细介绍。

1.4.1 位图与矢量图

在计算机中，图像大致可以分为两种：位图和矢量图。位图效果如图1-28所示，矢量图效果如图1-29所示。

图1-28　　　　　　　　　　　　　　　图1-29

位图又称为点阵图，是由许多点组成的，这些点称为像素。许许多多不同色彩的像素组合在一起便构成了一幅图像。由于位图采取点阵的方式记录图像内容，每个像素都能够记录图像的色彩信息，因此位图可以精确地表现色彩丰富的图像。但图像的色彩越丰富，图像的像素就越多（即分辨率越高），文件也就越大，因此处理位图时，对计算机硬盘和内存的要求较高。同时由于位图本身的特点，位图在缩放或旋转变形时会产生失真的现象。

矢量图是相对于位图而言的，也称为向量图，它是以数学的矢量方式来记录图像内容的。矢量图形中的图元素称为对象，每个对象都是独立的，具有各自的属性（如颜色、形状、轮廓、大小和位置等）。矢量图在缩放时不会产生失真的现象，并且它的文件占用的存储空间较小。这种图像的缺点是不易表现色彩丰富的图像，无法像位图那样精确地描绘各种绚丽的色彩。

这两种类型的图像各具特色，各有优缺点，并且两者之间具有良好的互补性。因此，在处理图像和绘制图形的过程中，将这两种图像灵活使用，取长补短，能创作出更优秀的作品。

1.4.2 色彩模式

CorelDRAW 2020提供了多种色彩模式。这些色彩模式提供了把色彩协调一致地用数值表示的方法。这些色彩模式是设计制作的作品能够在屏幕和印刷品上成功表现的重要保障。在这些色彩模式中，经常使用的有RGB模式、CMYK模式、HSB模式、Lab模式及灰度模式等。每种色彩模式都有不同的色域，用户可以根据需要选择合适的色彩模式，并且各个模式之间可以互相转换。

1. RGB模式

RGB模式是工作中使用较广泛的一种色彩模式。RGB模式是一种加色色彩模式，它通过红、绿、蓝3种颜色叠加而形成更多的颜色。同时RGB模式也是色光的色彩模式，一幅24位的RGB模式图像有3个颜色信息通道：红色（R）、绿色（G）和蓝色（B）。

每个通道都有8位的颜色信息：一个0～255的亮度值色域。RGB模式3种颜色的数值越大，颜色就越浅，当3种颜色的数值都为255时，颜色为白色；RGB模式3种颜色的数值越小，颜色就越深，当3种颜色的数值都为0时，颜色为黑色。

3种颜色中的每一种都有256个亮度级别。3种颜色叠加可形成约1670万（256×256×256）种颜色。这1670多万种颜色足以表现出这个世界的绚丽多彩。用户使用的显示器就是RGB模式的。

进入RGB模式的步骤：按Shift+F11组合键，弹出"编辑填充"对话框，在对话框中单击"均匀填充"按钮■，选择"RGB"模式，然后设置RGB值，如图1-30所示。

在编辑图像时，RGB模式是非常好的选择。因为它可以提供全屏幕的多达24位的色彩范围，所以一些计算机领域的色彩专家称其为"True Color"（真彩显示）。

2. CMYK模式

CMYK模式应用了色彩学中的减法混合原理，通过反射某些颜色的光并吸收另外一些颜色的光来产生不同的颜色，它是一种减色色彩模式。CMYK代表印刷上用的4种油墨色：C代表青色，M代表洋红色，Y代表黄色，K代表黑色。CorelDRAW 2020在默认状态下使用的就是CMYK模式。

CMYK模式是一种常用的图片印刷方式，在印刷中通常要进行四色分色，制作四色胶片，然后再进行印刷。

进入CMYK模式的步骤：按Shift+F11组合键，弹出"编辑填充"对话框，单击"均匀填充"按钮■，选择"CMYK"模式，然后设置CMYK值，如图1-31所示。

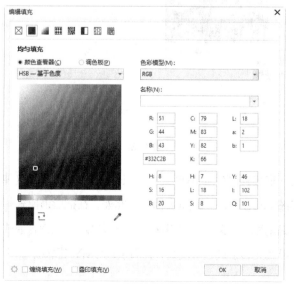
图1-30

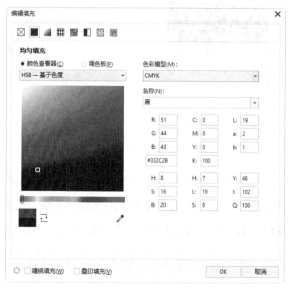
图1-31

3. HSB模式

HSB模式是一种更直观的色彩模式，它的调色方法更接近人的视觉原理，在调色过程中更容易找到需要的颜色。

H代表色相，S代表饱和度，B代表亮度。色相是指反射自物体或投射自物体的颜色。在0°到360°的标准色轮上，按位置度量色相。在日常使用中，色相由颜色名称标识，如红色、橙色或绿色。饱和度代表色彩的纯度，饱和度为0时为灰色，黑、白两种颜色没有饱和度。亮度是指色彩的明亮程度，最大亮度是色彩最鲜明的状态，黑色的亮度为0。

进入HSB模式的步骤：按Shift+F11组合键，弹出"编辑填充"对话框，单击"均匀填充"按钮■，选择"HSB"模式，然后设置HSB值，如图1-32所示。

4. Lab模式

Lab模式是一种国际色彩标准模式，它由3个通道组成：一个通道是透明度，即L；另外两个通道是色彩通道，即色相和饱和度，分别用a和b表示。a通道包括的颜色从深绿色到灰色，再到亮粉红色；b通道包括的颜色从亮蓝色到灰色，再到焦黄色。这些颜色混合后将产生明亮的颜色。

进入Lab模式的步骤：按Shift+F11组合键，弹出"编辑填充"对话框，单击"均匀填充"按钮■，选择"Lab"模式，然后设置Lab值，如图1-33所示。

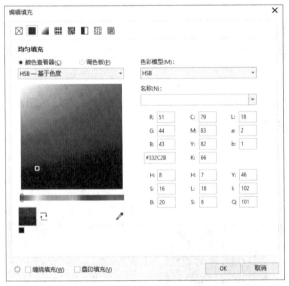

图1-32

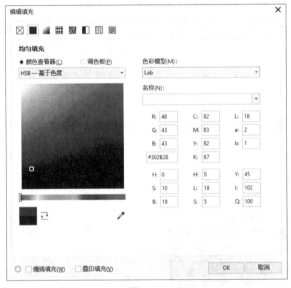

图1-33

Lab模式在理论上可以产生人眼可见的所有颜色，它弥补了CMYK模式和RGB模式的不足。在这种模式下图像的处理速度比在CMYK模式下快数倍，与在RGB模式下的速度相仿。此外，在把Lab模式转换成CMYK模式的过程中，所有的颜色不会丢失或被替换。事实上，在将RGB模式转换成CMYK模式时，Lab模式扮演着中间者的角色。也就是说，RGB模式先转换成Lab模式，再转换成CMYK模式。

5. 灰度模式

在灰度模式下形成的灰度图又叫8位深度图。灰度图中的每个像素用8个二进制数表示，能产生2^8（即256）级灰色调。当彩色模式文件被转换为灰度模式文件时，所有的颜色信息都将丢失。尽管CorelDRAW 2020允许将灰度模式文件转换为彩色模式文件，但不可能将原来的颜色完全还原。所以，当要将某图像的色彩模式转换为灰度模式时，请先做好图像的备份。

与黑白照片一样，灰度模式的图像只有亮度信息，没有色相和饱和度这两种信息。其中，0%代表黑色，100%代表白色。

当彩色模式文件被转换为双色调模式文件时，必须先将颜色模式文件转换为灰度模式文件，然后由灰度模式文件转换为双色调模式文件。在制作黑白印刷品时经常使用灰度模式。

进入灰度模式的步骤：按Shift+F11组合键，弹出"编辑填充"对话框，单击"均匀填充"按钮▣，选择"Grayscale"色彩模式，然后设置灰度值，如图1-34所示。

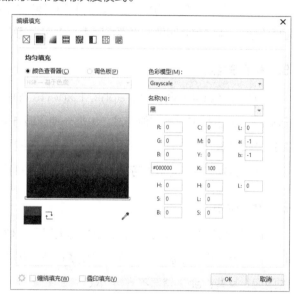

图1-34

1.4.3 文件格式

CorelDRAW 2020中有20多种文件格式可供选择。在这些文件格式中，既有CorelDRAW 2020的专用文件格式，也有用于应用程序交换的文件格式，还有一些比较特殊的文件格式。

1. CDR格式

CDR格式是CorelDRAW 2020的专用图形文件格式。CDR格式可以记录文件的属性、位置和分页等信息。但它的兼容性比较差，只能在CorelDRAW 中打开（注意，高版本软件可打开低版本软件制作的CDR文件，反之则不行），在其他图像编辑软件中无法打开。

2. AI格式

AI格式是一种矢量图片格式，是Adobe公司的软件Illustrator的专用文件格式，它的兼容性比较强。CDR格式的文件可以导出为AI格式的文件。

3. TIF格式

TIF（TIFF）格式是标签图像格式。TIF格式对色彩通道图像来说是较有用的格式，具有很强的可移植性。它可以用于Windows、Mac及UNIX工作站三大平台，是这三大平台上使用较广泛的图片格式。用TIF格式存储文件时应考虑文件的大小，因为TIF格式的结构要比其他格式更大、更复杂。TIF格式支持24个通道，能存储多于4个通道的文件。TIF格式非常适合用于印刷和输出。

4. PSD格式

PSD格式是Photoshop软件的专用文件格式。PSD格式能够保存图像的细小部分信息，如图层、蒙版、通道等Photoshop对图像进行特殊处理的信息。在没有最终确定图像的存储格式前，最好先以PSD格式存储图像。另外，Photoshop打开和存储PSD格式文件的速度比其他格式文件更快。但是PSD格式也有缺点，用它存储图像的文件特别大，占用空间多，通用性不强。

5. JPEG格式

JPEG是Joint Photographic Experts Group的缩写，译为联合图片专家组。JPEG格式既是Photoshop支持的一种文件格式，也是一种压缩方案。它是目前常用的存储类型。JPEG格式是压缩格式中的"佼佼者"，与TIF格式采用的LZW无损压缩相比，它的压缩比例更大，但它采用的有损压缩算法会丢失部分数据。用户可以在存储图像前选择图像的质量，这样能控制数据的损失程度。

6. PNG格式

PNG格式是用于无损压缩和在Web上显示图像的文件格式，是GIF格式的无专利替代品。它支持24位图像，且能产生无锯齿状边缘的背景透明度，还支持无Alpha通道的RGB、索引颜色、灰度和位图模式的图像。某些Web浏览器不支持PNG格式图像。

第 2 章

绘制和编辑图形

本章介绍

CorelDRAW 2020绘制和编辑图形的功能非常强大。本章将详细介绍使用CorelDRAW 2020绘制和编辑图形的多种方法和技巧。通过学习本章内容，读者可以掌握绘制与编辑图形的方法和技巧，为进一步学习CorelDRAW 2020打下坚实的基础。

学习目标

● 掌握几何图形的绘制方法。

● 熟练掌握编辑图形的技巧。

技能目标

● 掌握"旅行插画"的绘制方法。

● 掌握"风景插画"的绘制方法。

2.1 绘制图形

使用CorelDRAW 2020的基本绘图工具可以绘制简单的几何图形。通过本节的讲解和练习，读者可以初步掌握CorelDRAW 2020基本绘图工具的特性和使用方法，为今后绘制更复杂、更优质的图形打下坚实的基础。

2.1.1 课堂案例——绘制旅行插画

案例学习目标 学习使用几何绘图工具、常见形状工具、"螺纹"工具和填充工具绘制旅行插画。

案例知识要点 使用"矩形"工具、"圆角半径"选项、"形状"工具、"轮廓笔"对话框、"属性滴管"工具绘制机身、机翼及螺旋桨；使用"常见形状"工具绘制圆环；使用"螺纹"工具绘制装饰图案；使用"2点线"工具、"椭圆形"工具和"变换"泊坞窗绘制云彩。旅行插画效果如图2-1所示。

效果所在位置 学习资源\Ch02\效果\绘制旅行插画.cdr。

图2-1

01 按Ctrl+N组合键，弹出"创建新文档"对话框，将文档的宽度设置为100mm，将高度设置为100mm，方向为纵向，色彩模式为CMYK，分辨率为300dpi，单击"OK"按钮，创建文档。

02 选择"矩形"工具□，在页面中绘制一个矩形，如图2-2所示。在属性栏中将"圆角半径"选项均设置为10mm，如图2-3所示，按Enter键，效果如图2-4所示。

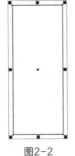

图2-2

图2-3

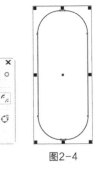

图2-4

03 单击属性栏中的"转换为曲线"按钮□，将图形转换为曲线，如图2-5所示。选择"形状"工具□，选中并向左拖曳右下角的节点到适当的位置，效果如图2-6所示。用相同的方法调整左下角的节点，效果如图2-7所示。

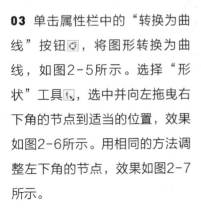

图2-5

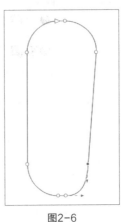

图2-6

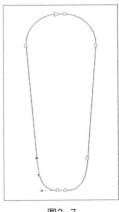

图2-7

04 选择"选择"工具 ，填充图形为白色；按F12键，弹出"轮廓笔"对话框，在"颜色"选项中将轮廓线颜色的CMYK值设置为63、94、100、59，其他选项的设置如图2-8所示。单击"OK"按钮，效果如图2-9所示。

05 选择"矩形"工具 ，在适当的位置绘制一个矩形，如图2-10所示。在属性栏中将"圆角半径"选项均设置为10mm，按Enter键，效果如图2-11所示。

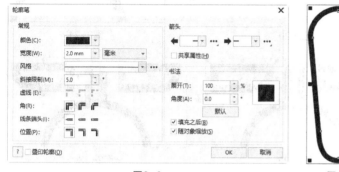

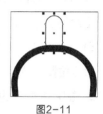

图2-8 　　　　　　　　　　　图2-9　　　　　图2-10　　　　　图2-11

06 按F12键，弹出"轮廓笔"对话框，在"颜色"选项中将轮廓线颜色的CMYK值设置为63、94、100、59，其他选项的设置如图2-12所示。单击"OK"按钮，效果如图2-13所示。

07 保持图形的选中状态。将颜色的CMYK值设置为43、20、0、0，填充图形，效果如图2-14所示。按Ctrl+PageDown组合键，将图形下移一层，效果如图2-15所示。

图2-12 　　　　　　　　　　　图2-13　　　　　图2-14　　　　　图2-15

08 选择"矩形"工具 ，在适当的位置绘制一个矩形，如图2-16所示。选择"属性滴管"工具 ，将鼠标指针放置在矩形右侧的圆角矩形上，鼠标指针变为 图标，如图2-17所示。在圆角矩形上单击吸取其属性，鼠标指针变为 图标，在需要的图形上单击，填充图形，效果如图2-18所示。

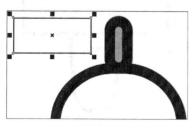
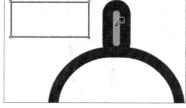
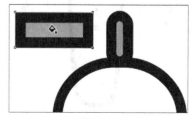

图2-16　　　　　　　　　　　图2-17　　　　　　　　　　　图2-18

09 选择"选择"工具 ▶，将颜色的CMYK值设置为29、6、14、0，填充图形，效果如图2-19所示。在属性栏中设置"圆角半径"选项，如图2-20所示，按Enter键，效果如图2-21所示。

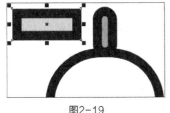

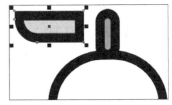

图2-19   图2-20   图2-21

10 按数字键盘上的+键，复制左上角的图形。在按住Shift键的同时，水平向右拖曳复制的图形到适当位置，效果如图2-22所示。单击属性栏中的"水平镜像"按钮 ⬚，水平翻转复制得到的图形，效果如图2-23所示。

图2-22   图2-23

11 选择"矩形"工具 □，在适当的位置绘制一个矩形，将颜色的CMYK值设置为63、94、100、59，填充图形，并去除图形的轮廓线，效果如图2-24所示。按Shift+PageDown组合键，将图形移至最后面，效果如图2-25所示。

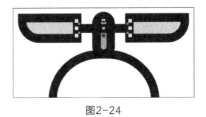

图2-24   图2-25

12 选择"矩形"工具 □，在适当的位置绘制一个矩形，如图2-26所示。选择"属性滴管"工具 ✏，将鼠标指针放置在下方图形上，鼠标指针变为 ✏ 图标，如图2-27所示。在圆角矩形上单击吸取其属性，鼠标指针变为 ◇ 图标，在需要的图形上单击，填充图形，效果如图2-28所示。

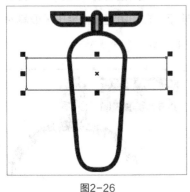

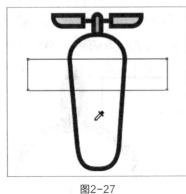

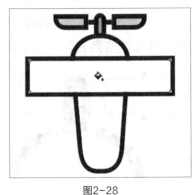

图2-26   图2-27   图2-28

13 选择"选择"工具▶，在属性栏中设置"圆角半径"选项，如图2-29所示，按Enter键，效果如图2-30所示。

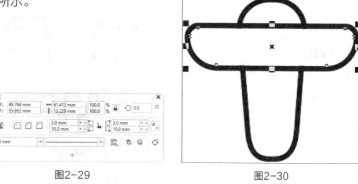

图2-29　　　　　　　　　　　图2-30

14 保持图形的选中状态。将颜色的CMYK值设置为43、20、0、0，填充图形，效果如图2-31所示。按Shift+PageDown组合键，将图形移至最后面，效果如图2-32所示。

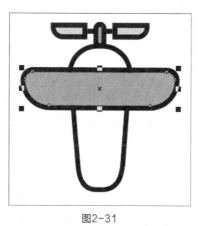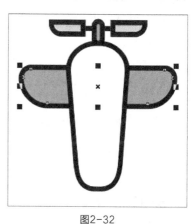

图2-31　　　　　　　　　　　图2-32

15 按数字键盘上的+键，复制图形。选择"选择"工具▶，在按住Shift键的同时，垂直向下拖曳复制的图形到适当位置，效果如图2-33所示。将颜色的CMYK值设置为29、6、14、0，填充图形，效果如图2-34所示。绘制飞机尾部，效果如图2-35所示。

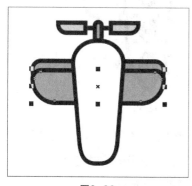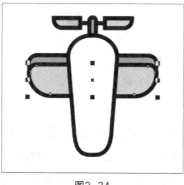

图2-33　　　　　　　　　　图2-34　　　　　　　　　　图2-35

16 选择"常见形状"工具🖳，单击属性栏中的"常用形状"按钮▢，在弹出的下拉列表中选择需要的形状，如图2-36所示。在按住Ctrl键的同时，在适当的位置拖曳鼠标绘制图形，如图2-37所示。将颜色的CMYK值设置为63、94、100、59，填充图形，并去除图形的轮廓线，效果如图2-38所示。

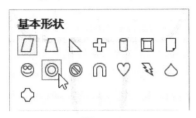

图2-36

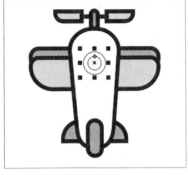

图2-37

图2-38

17 选择"螺纹"工具◎，属性栏的设置如图2-39所示。在按住Ctrl键的同时，在适当的位置绘制一条螺旋线，如图2-40所示。

图2-39

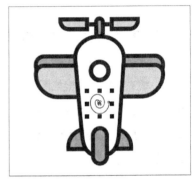

图2-40

18 按F12键，弹出"轮廓笔"对话框，在"颜色"选项中将轮廓线颜色的CMYK值设置为63、94、100、59，其他选项的设置如图2-41所示。单击"OK"按钮，效果如图2-42所示。

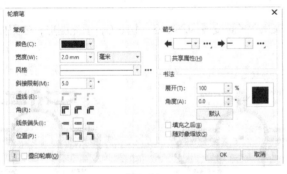

图2-41

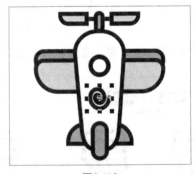

图2-42

19 选择"2点线"工具，在按住Ctrl键的同时，在适当的位置绘制一条竖线，如图2-43所示。选择"属性滴管"工具，将鼠标指针放置在螺旋线上，鼠标指针变为✎图标，如图2-44所示。在螺旋线上单击吸取其属性，鼠标指针变为◆图标，在需要的图形上单击，填充图形，效果如图2-45所示。

图2-43

图2-44

图2-45

20 选择"选择"工具 ![箭头]，按数字键盘上的+键，复制竖线，在按住Shift键的同时，垂直向下拖曳复制的竖线到适当位置，效果如图2-46所示。向下拖曳竖线下端中间的控制手柄到适当位置，调整竖线长度，效果如图2-47所示。

21 选择"椭圆形"工具 ![椭圆]，在按住Ctrl键的同时，在适当的位置绘制一个圆形，将颜色的CMYK值设置为63、94、100、59，填充图形，并去除图形的轮廓线，效果如图2-48所示。

22 按数字键盘上的+键，复制圆形。选择"选择"工具 ![箭头]，在按住Shift键的同时，垂直向下拖曳复制的圆形到适当位置，效果如图2-49所示。

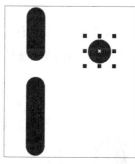
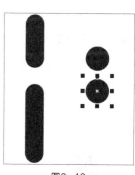

图2-46   图2-47   图2-48   图2-49

23 用圈选的方法将竖线和圆形同时选中，如图2-50所示。按数字键盘上的+键，复制竖线和圆形。按住Shift键的同时，水平向右拖曳复制的竖线和圆形到适当位置，效果如图2-51所示。

图2-50   图2-51

24 单击属性栏中的"水平镜像"按钮 ![镜像]，水平翻转复制得到的图形，效果如图2-52所示。用圈选的方法将右侧竖线同时选中，如图2-53所示。单击属性栏中的"垂直镜像"按钮 ![镜像]，垂直翻转选中的竖线，效果如图2-54所示。

图2-52   图2-53   图2-54

25 选择"选择"工具 ，选中需
要的竖线，如图2-55所示。按住
鼠标左键向右上方拖曳竖线，并
在适当的位置单击鼠标右键，复
制竖线，效果如图2-56所示。

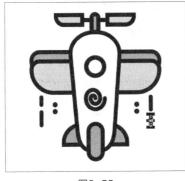

图2-55

图2-56

26 选中复制的竖线，使其处于旋转状态，如图2-57所示。向下拖曳其旋转中心至适当位置，如图2-58所
示。按Alt+F8组合键，弹出"变换"泊坞窗，选项的设置如图2-59所示，单击"应用"按钮，效果如图
2-60所示。

图2-57

图2-58

图2-59

图2-60

27 选择"椭圆形"工具 ，在按住Ctrl键的同时，在适当的位置绘制一个圆形，将颜色的CMYK值设置为
0、19、13、0，填充图形，并去除图形的轮廓线，效果如图2-61所示。按Shift+PageDown组合键，将
圆形移至最后面，效果如图2-62所示。旅行插画绘制完成，效果如图2-63所示。

图2-61

图2-62

图2-63

2.1.2　绘制矩形

"矩形"工具用于绘制直角矩形、圆角矩形等。

1. 绘制直角矩形

选择工具箱中的"矩形"工具□，在绘图页面中按住鼠标左键不放，拖曳鼠标到需要的位置，松开鼠标左键，完成矩形的绘制，如图2-64所示。属性栏如图2-65所示。

按Esc键，取消矩形的选中状态，效果如图2-66所示。选择"选择"工具▶，在刚绘制好的矩形上单击，可以选中矩形。

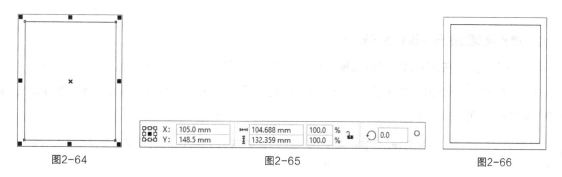

图2-64　　　　　　　　　　图2-65　　　　　　　　　　图2-66

按F6键，快速选择"矩形"工具□，可在绘图页面中适当的位置绘制矩形。

按住Ctrl键，可在绘图页面中绘制正方形。

按住Shift键，可在绘图页面中以当前点为中心绘制矩形。

按住Shift+Ctrl组合键，可在绘图页面中以当前点为中心绘制正方形。

> **提示**　双击工具箱中的"矩形"工具□，可以绘制出一个和绘图页面大小一样的矩形。

2. 使用"矩形"工具绘制圆角矩形

在绘图页面中绘制一个矩形，如图2-67所示。在属性栏中，如果将"圆角半径"选项中的小锁图标🔒选定，则改变"圆角半径"时，矩形4个角的圆角半径将进行相同的改变。设定"圆角半径"的值，如图2-68所示，按Enter键，效果如图2-69所示。

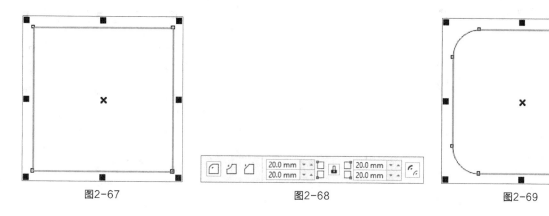

图2-67　　　　　　　　　　图2-68　　　　　　　　　　图2-69

如果不选定小锁图标🔒，则可以单独改变矩形一个角的圆角半径。在属性栏中，设置"圆角半径"的值，如图2-70所示，按Enter键，效果如图2-71所示。如果要将圆角矩形还原为直角矩形，可以将圆角半径都设为0。

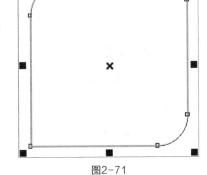

图2-70　　　　　　　　　　　　　　　　　图2-71

3. 使用鼠标拖曳矩形节点绘制圆角矩形

绘制一个矩形。按F10键，快速选择"形状"工具↖，选中矩形其中一个角的节点，如图2-72所示。按住鼠标左键拖曳选中的矩形节点，可以同时改变4个角为圆角，如图2-73所示。松开鼠标左键，圆角矩形的效果如图2-74所示。

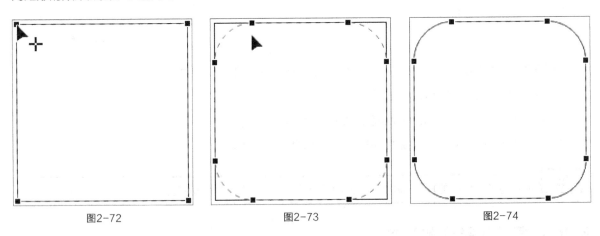

图2-72　　　　　　　　　　图2-73　　　　　　　　　　图2-74

4. 使用"矩形"工具绘制扇形角图形

在绘图页面中绘制一个矩形，如图2-75所示。在属性栏中，单击"扇形角"按钮⊿，将"圆角半径"均设置为20mm，如图2-76所示。按Enter键，效果如图2-77所示。

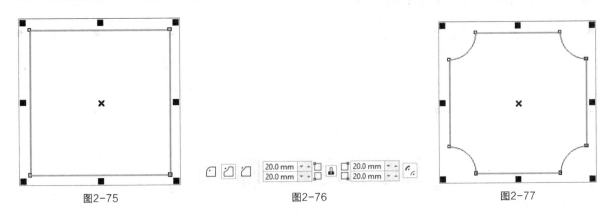

图2-75　　　　　　　　　　图2-76　　　　　　　　　　图2-77

5. 使用"矩形"工具绘制倒棱角图形

在绘图页面中绘制一个矩形，如图2-78所示。在属性栏中，单击"倒棱角"按钮 🔲，将"圆角半径"均设置为20mm，如图2-79所示。按Enter键，效果如图2-80所示。

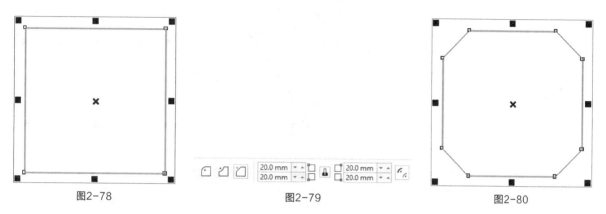

<table>
<tr><td>图2-78</td><td>图2-79</td><td>图2-80</td></tr>
</table>

6. 使用"相对角缩放"按钮调整图形

在绘图页面中绘制一个圆角矩形，其属性栏和效果如图2-81所示。在属性栏中，单击"相对角缩放"按钮 🔲，拖曳控制手柄调整图形的大小，圆角半径根据图形的调整进行改变，调整图形后，属性栏和效果如图2-82所示。

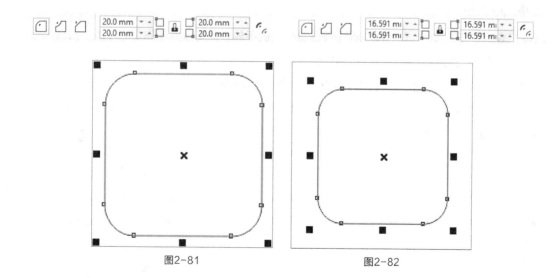

<table>
<tr><td>图2-81</td><td>图2-82</td></tr>
</table>

7. 绘制以任意角度放置的矩形

选择"矩形"工具 🔲 拓展工具栏中的"3点矩形"工具 🔲，在绘图页面中按住鼠标左键不放，拖曳鼠标到需要的位置，松开鼠标左键，可绘制出一条任意方向的线段作为矩形的一条边，如图2-83所示。再拖曳鼠标到需要的位置，确定矩形的另一条边，如图2-84所示。单击后即可完成矩形的绘制，效果如图2-85所示。

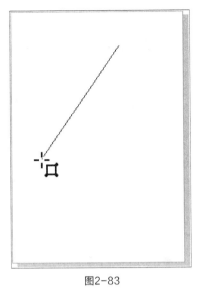

图2-83

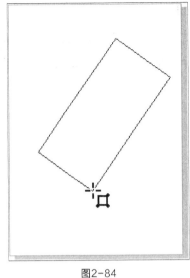

图2-84

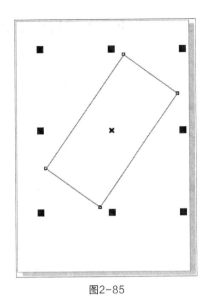

图2-85

2.1.3 绘制椭圆形

"椭圆形"工具用于绘制椭圆形、圆形、饼形、弧形等。

1. 绘制椭圆和圆形

选择"椭圆形"工具，在绘图页面中按住鼠标左键不放，拖曳鼠标到需要的位置，松开鼠标左键，椭圆形绘制完成，如图2-86所示。属性栏如图2-87所示。

按住Ctrl键，在绘图页面中可以绘制出圆形，如图2-88所示。

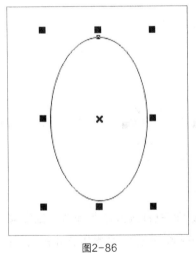

图2-86

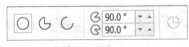

图2-87

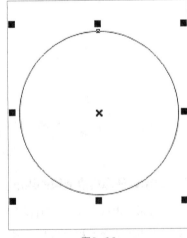

图2-88

按F7键，快速选择"椭圆形"工具，可在绘图页面中适当的位置绘制椭圆形。

按住Shift键，可在绘图页面中以当前点为中心绘制椭圆形。

按住Shift+Ctrl组合键，可在绘图页面中以当前点为中心绘制圆形。

2. 使用"椭圆"工具绘制饼形和弧形

　　绘制一个圆形，如图2-89所示。单击属性栏（见图2-90）中的"饼形"按钮 ⬤ ，可将圆形转换为饼形，如图2-91所示。

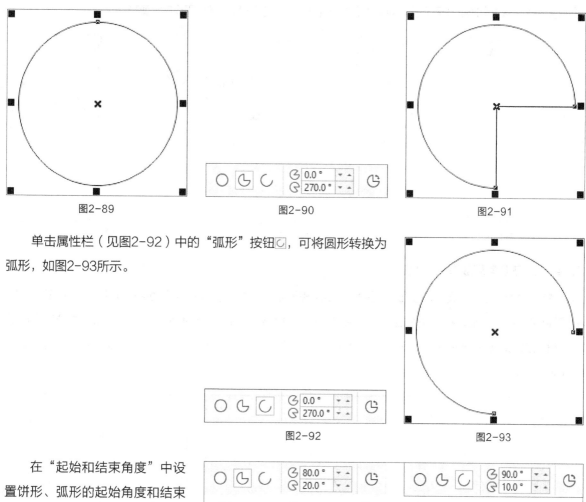

图2-89　　　　　　　　　　图2-90　　　　　　　　　　图2-91

　　单击属性栏（见图2-92）中的"弧形"按钮 ⬤ ，可将圆形转换为弧形，如图2-93所示。

图2-92　　　　　　　　　　图2-93

　　在"起始和结束角度"中设置饼形、弧形的起始角度和结束角度，按Enter键，可以准确绘制饼形和弧形，效果如图2-94所示。

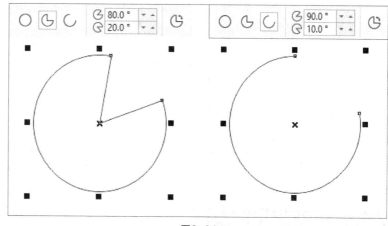

图2-94

> **提示**　在选中椭圆形的状态下，在属性栏中单击"饼形"按钮 ⬤ 或"弧形"按钮 ⬤ ，可以使图形在饼形和弧形之间转换。单击属性栏中的"更改方向"按钮 ⬤ ，可以将饼形或弧形进行180°的镜像翻转。

3. 拖曳圆形的节点绘制饼形和弧形

选择"椭圆形"工具⊙，按住Ctrl键，绘制一个圆形。按F10键，快速选择"形状"工具↖，选中轮廓线上的节点并按住鼠标左键不放，如图2-95所示。向圆形内拖曳节点，如图2-96所示。松开鼠标左键，圆形变成饼形，效果如图2-97所示。向圆形外拖曳轮廓线上的节点，可使圆形变成弧形。

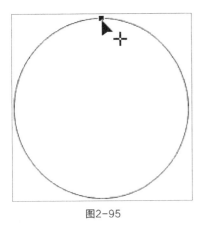
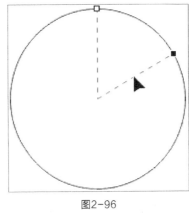
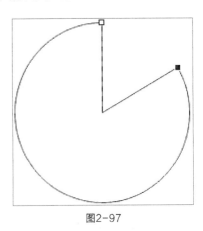

图2-95   图2-96   图2-97

4. 绘制以任意角度放置的椭圆形

选择"椭圆形"工具⊙拓展工具栏中的"3点椭圆形"工具♨，在绘图页面中按住鼠标左键不放，拖曳鼠标到需要的位置，松开鼠标左键，可绘制一条任意方向的线段作为椭圆形的一个轴，如图2-98所示。再拖曳鼠标到需要的位置，即可确定椭圆形的形状，如图2-99所示。单击完成椭圆形的绘制，如图2-100所示。

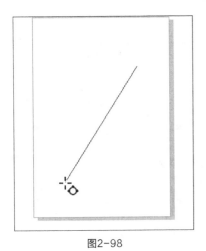
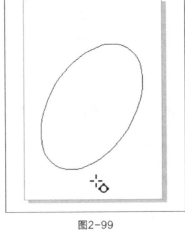
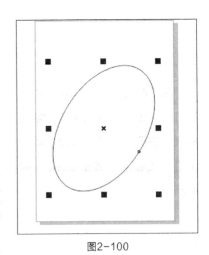

图2-98   图2-99   图2-100

2.1.4 绘制常见的图形

1. 绘制基本形状

选择"常见形状"工具♨，在属性栏中单击"常用形状"按钮▱，在弹出的下拉列表中选择需要的基本形状，如图2-101所示。

在绘图页面中按住鼠标左键不放，从左上角向右下角拖曳鼠标到需要的位置，松开鼠标左键，基本形状绘制完成，效果如图2-102所示。

2. 绘制箭头

选择"常见形状"工具，在属性栏中单击"常用形状"按钮，在弹出的下拉列表中选择需要的箭头形状，如图2-103所示。

在绘图页面中按住鼠标左键不放，从左上角向右下角拖曳鼠标到需要的位置，松开鼠标左键，箭头绘制完成，如图2-104所示。

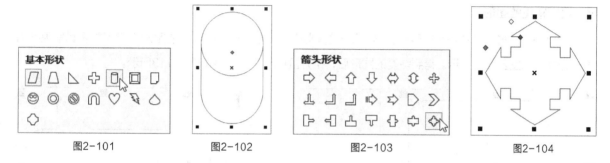

图2-101　　　　　图2-102　　　　　图2-103　　　　　图2-104

3. 绘制流程图

选择"常见形状"工具，在属性栏中单击"常用形状"按钮，在弹出的下拉列表中选择需要的流程图形状，如图2-105所示。

在绘图页面中按住鼠标左键不放，从左上角向右下角拖曳鼠标到需要的位置，松开鼠标左键，流程图绘制完成，如图2-106所示。

4. 绘制条幅

选择"常见形状"工具，在属性栏中单击"常用形状"按钮，在弹出的下拉列表中选择需要的条幅形状，如图2-107所示。

在绘图页面中按住鼠标左键不放，从左上角向右下角拖曳鼠标到需要的位置，松开鼠标左键，条幅绘制完成，如图2-108所示。

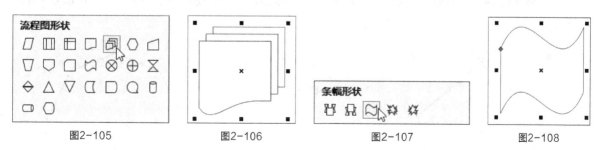

图2-105　　　　　图2-106　　　　　图2-107　　　　　图2-108

5. 绘制标注

选择"常见形状"工具，在属性栏中单击"常用形状"按钮，在弹出的下拉列表中选择需要的标注形状，如图2-109所示。

在绘图页面中按住鼠标左键不放，从左上角向
右下角拖曳鼠标到需要的位置，松开鼠标左键，标
注绘制完成，如图2-110所示。

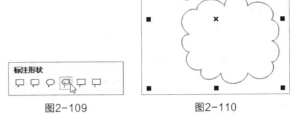

图2-109　　　　　　　　　图2-110

6. 调整常见的图形

绘制一个图形，如图2-111所示。选中要调整的图形的红色菱形符号，按住鼠标左键不放将其拖曳到需
要的位置，如图2-112所示。得到需要的图形后，松开鼠标左键，效果如图2-113所示。

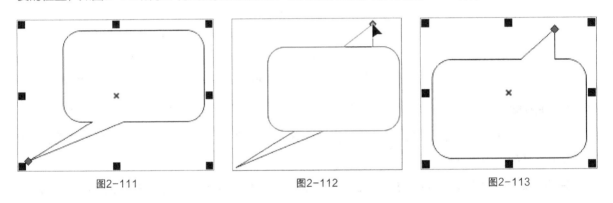

图2-111　　　　　　　　　图2-112　　　　　　　　　图2-113

> **提示** CorelDRAW 2020内置的流程图中没有红色菱形符号，所以不能对此图形进行类似的调整。

2.1.5 绘制多边形

选择"多边形"工具○，在绘图页面中按住鼠标左键不放，拖曳鼠标到需要的位置，松开鼠标左键，多
边形绘制完成，如图2-114所示。属性栏如图2-115所示。

设置属性栏中的"点数或边数"○ 5 ：的数值为9，如图2-116所示，按Enter键，多边形效果如图
2-117所示。

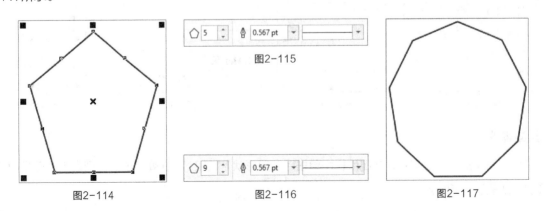

图2-114　　　　　　　　　图2-115

　　　　　　　　　　　　　图2-116　　　　　　　　　图2-117

绘制一个多边形，如图2-118所示。选择"形状"工具，选中轮廓线上的节点并按住鼠标左键不放，如图2-119所示。向多边形内或外拖曳节点（见图2-120），可以将多边形改变为星形，效果如图2-121所示。

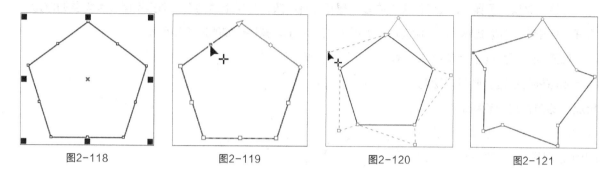

图2-118　　　　　图2-119　　　　　图2-120　　　　　图2-121

2.1.6　绘制星形

1. 绘制简单星形

选择"星形"工具，在绘图页面中按住鼠标左键不放，拖曳鼠标到需要的位置，松开鼠标左键，星形绘制完成，如图2-122所示。属性栏如图2-123所示。设置属性栏中的"点数或边数"的数值为8，按Enter键，星形效果如图2-124所示。

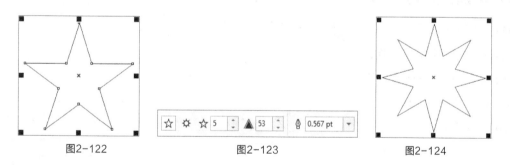

图2-122　　　　　　　图2-123　　　　　　　图2-124

2. 绘制复杂星形

在属性栏中单击"复杂星形"按钮，在绘图页面中按住鼠标左键不放，拖曳鼠标到需要的位置，松开鼠标左键，复杂星形绘制完成，如图2-125所示。属性栏如图2-126所示。设置属性栏中的"点数或边数"的数值为12，"锐度"的数值为3，按Enter键，复杂星形效果如图2-127所示。

图2-125　　　　　　　图2-126　　　　　　　图2-127

2.1.7 绘制螺旋线

1. 绘制对称式螺旋线

选择"螺纹"工具 ，在绘图页面中按住鼠标左键不放，从左上角向右下角拖曳鼠标到需要的位置，松开鼠标左键，对称式螺旋线绘制完成，如图2-128所示。属性栏如图2-129所示。

如果从右下角向左上角拖曳鼠标到需要的位置，则可以绘制出反向的对称式螺旋线。在"螺纹回圈"  中可以重新设定螺旋线的圈数，绘制需要的对称式螺旋线。

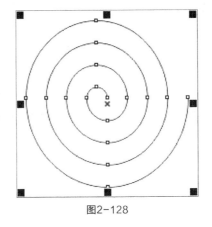

图2-128

图2-129

2. 绘制对数式螺旋线

选择"螺纹"工具 ，在属性栏中单击"对数螺纹"按钮 ，在绘图页面中按住鼠标左键不放，从左上角向右下角拖曳鼠标到需要的位置，松开鼠标左键，对数式螺旋线绘制完成，如图2-130所示。属性栏如图2-131所示。

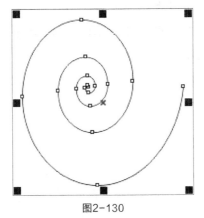

图2-130

图2-131

在 中可以重新设定螺旋线的扩展参数，将其数值分别设定为80和20时，对数式螺旋线向外扩展的效果如图2-132所示。当其数值为1时，将绘制出对称式螺旋线。

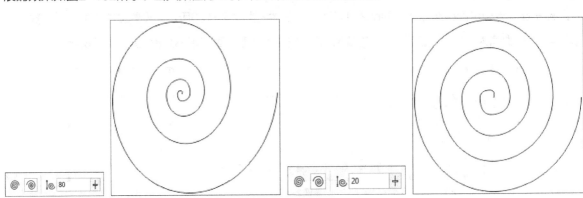

图2-132

按A键，快速选择"螺纹"工具◎，可在绘图页面中适当的位置绘制螺旋线。

按住Ctrl键，可以在绘图页面中绘制圆螺旋线。

按住Shift键，可以在绘图页面中以当前点为中心绘制螺旋线。

按住Shift+Ctrl组合键，可以在绘图页面中以当前点为中心绘制圆螺旋线。

2.2 编辑图形

在CorelDRAW 2020中，可以使用强大的图形编辑功能对图形进行编辑，其中包括图形的多种选取方式，图形的缩放、移动、镜像、复制和删除以及图形的调整。本节将讲解多种编辑图形的方法和技巧。

2.2.1 课堂案例——绘制风景插画

`案例学习目标` 学习使用图形编辑方法绘制风景插画。

`案例知识要点` 使用"选择"工具移动图片；使用"水平镜像"按钮翻转图片；使用"旋转角度"选项对图片进行旋转；使用"变换"泊坞窗缩放图片。风景插画效果如图2-133所示。

`效果所在位置` 学习资源\Ch02\效果\绘制风景插画.cdr。

图2-133

01 按Ctrl+O组合键，打开学习资源中的"Ch02\素材\绘制风景插画\01"文件，如图2-134所示。选择"选择"工具▶，选中云彩，如图2-135所示。

图2-134

图2-135

02 按数字键盘上的+键，复制云彩。向右拖曳复制的云彩到适当的位置，效果如图2-136所示。单击属性栏中的"水平镜像"按钮，水平翻转复制的云彩，效果如图2-137所示。

图2-136

图2-137

03 将属性栏中的"旋转角度"设置为187，按Enter键，效果如图2-138所示。选择"选择"工具，选中白色花朵，按数字键盘上的+键，复制白色花朵。在按住Shift键的同时，水平向右拖曳复制的白色花朵到适当的位置，效果如图2-139所示。

图2-138

图2-139

04 选择"选择"工具，选中深蓝色植物，如图2-140所示。按数字键盘上的+键，复制深蓝色植物。在按住Shift键的同时，水平向右拖曳复制的深蓝色植物到适当的位置，效果如图2-141所示。

图2-140

图2-141

05 按Alt+F9组合键，弹出"变换"泊坞窗，选项的设置如图2-142所示，单击"应用"按钮，效果如图2-143所示。用相同的方法复制其他图形，并调整其大小，效果如图2-144所示。

图2-142　　　　　　　　　　　图2-143　　　　　　　　　　　　　图2-144

06 选择"形状"工具 ，选中树，如图2-145所示。用圈选的方法将树下方需要的节点同时选中，如图2-146所示。向上拖曳选中的节点到适当的位置，效果如图2-147所示。

图2-145　　　　　　　　　　　图2-146　　　　　　　　　　　图2-147

07 选择"选择"工具 ，选中小鸟，如图2-148所示。单击属性栏中的"水平镜像"按钮 ，水平翻转小鸟，效果如图2-149所示。风景插画绘制完成，效果如图2-150所示。

图2-148　　　　　　　　　　　图2-149　　　　　　　　　　　图2-150

2.2.2　图形的选取

在CorelDRAW 2020中，新建一个图形后，一般该图形处于选中状态，图形的周围出现圈选框，圈选框是由8个控制手柄组成的。该图形的中心有一个"×"形的中心标记。图形的选中状态如图2-151所示。

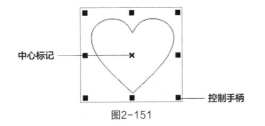

中心标记

控制手柄

图2-151

> **提示** 在CorelDRAW 2020中，如果要编辑一个图形，首先要选中这个图形。当选中多个图形时，多个图形共用一个圈选框。要取消图形的选中状态，只需要在绘图页面中的其他位置单击或按Esc键即可。

1. 用鼠标点选的方法选中图形

选择"选择"工具，在要选中的图形上单击，即可选中该图形。

要选中多个图形，按住Shift键，依次单击要选中的图形即可。多个图形同时选中的效果如图2-152所示。

图2-152

2. 用鼠标圈选的方法选中图形

选择"选择"工具，在绘图页面中要选中的图形外围拖曳鼠标，会出现一个蓝色的虚线圈选框，如图2-153所示。在圈选框完全圈选住图形后松开鼠标左键，被圈选的图形即处于选中状态，如图2-154所示。用圈选的方法可以选中一个或多个图形。

在圈选的同时按住Alt键，蓝色的虚线圈选框接触到的图形都将被选中，如图2-155所示。

图2-153

图2-154

图2-155

3. 使用命令选中图形

可以选择"编辑 > 全选"子菜单下的各个命令来选中图形，按Ctrl+A组合键可以选中绘图页面中的全部图形。

> **提示**　当绘图页面中有多个图形时，按空格键，快速选择"选择"工具 ▶。连续按Tab键，可以依次选择下一个图形。按住Shift键，再连续按Tab键，可以依次选择上一个图形。按住Ctrl键，用鼠标指针点选可以选中群组图形中的单个图形。

2.2.3　图形的缩放

1. 使用鼠标缩放图形

使用"选择"工具 ▶ 选中要缩放的图形，选中对象的周围会出现控制手柄。

拖曳控制手柄可以缩放图形。拖曳对角线上的控制手柄可以按比例缩放图形，如图2-156所示。拖曳非对角线上的控制手柄可以不按比例缩放图形，如图2-157所示。

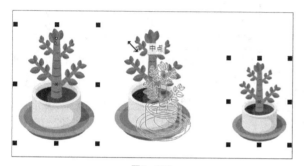

图2-156

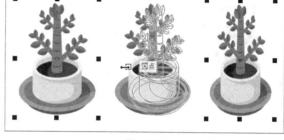

图2-157

在拖曳对角线上的控制手柄时，按住Ctrl键，图形会以100%的比例缩放；按Shift+Ctrl组合键，图形会以100%的比例从中心缩放。

2. 使用"自由变换"工具 ⊹ 缩放图形

使用"选择"工具 ▶ 并选中要缩放的图形，选中图形的周围会出现控制手柄。选择"选择"工具 ▶ 拓展工具栏中的"自由变换"工具 ⊹，单击"自由缩放"按钮，属性栏如图2-158所示。

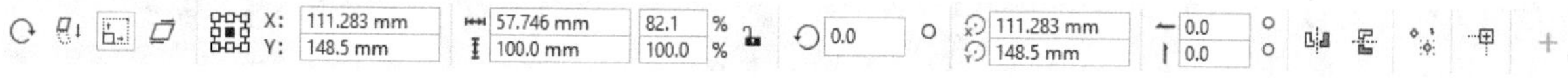

| | X: 111.283 mm | ⊶ 57.746 mm | 82.1 % | ⟳ 0.0 | ○ | ⟳ 111.283 mm | ⤝ 0.0 | ○ |
| | Y: 148.5 mm | ⥮ 100.0 mm | 100.0 % | | | ⟳ 148.5 mm | ⥮ 0.0 | ○ |

图2-158

在属性栏的"对象大小" ⊶ 57.746 mm ⥮ 100.0 mm 中，输入图形的宽度和高度。如果选定了"缩放因子" 82.1 100.0 右侧的"锁定比率"按钮，则对象的宽度和高度将按比例缩放，只要改变宽度和高度中的一个值，另一个值就会自动按比例调整。

在属性栏中设置图形的宽度和高度后，按Enter键，完成图形的缩放。对象缩放的效果如图2-159所示。

图2-159

3. 使用"变换"泊坞窗缩放图形

　　使用"选择"工具 选中要缩放的图形，如图2-160所示。选择"窗口 > 泊坞窗 > 变换"命令，或按Alt+F7组合键，弹出"变换"泊坞窗，如图2-161所示。其中，"W"表示宽度，"H"表示高度。如果不勾选"按比例"复选框，将不按比例缩放图形。

　　图2-162所示的是"变换"泊坞窗中可供选择的8个控制手柄的位置，单击其中一个控制手柄可以定义一个在缩放图形时保持固定不动的点，缩放的图形将基于这个点进行缩放，这个点可以决定缩放后的图形与原图形的相对位置。

　　设置好需要的数值，如图2-163所示。单击"应用"按钮，图形的缩放完成，效果如图2-164所示。利用"副本"选项可以复制生成多个缩放好的图形。

图2-160

图2-161

图2-162

图2-163

图2-164

2.2.4 图形的移动

1. 使用工具和键盘移动图形

　　使用"选择"工具 选中要移动的图形，如图2-165所示。将鼠标指针移到图形的中心点上，鼠标指针将变为十字箭头形状 ，如图2-166所示。按住鼠标左键不放，拖曳图形到需要的位置，松开鼠标左键，完成图形的移动，效果如图2-167所示。

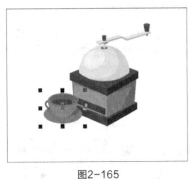

图2-165

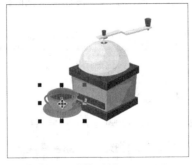
图2-166

图2-167

　　选中要移动的图形，用键盘上的方向键可以微调图形的位置，在使用系统默认值时，图形每次将以0.1英寸（1英寸≈2.54厘米）的距离移动。选择"选择"工具 后不选中任何图形，在属性栏的"微调距离" 0.1 mm 中可以设定每次微调图形移动的距离。

2. 使用属性栏移动图形

选中要移动的图形，在属性栏的"对象位置" X: 45.068 mm Y: 93.79 mm 中输入图形要移动到的新位置的横坐标和纵坐标。

3. 使用"变换"泊坞窗移动图形

选中要移动的图形，在"变换"泊坞窗中单击"位置"按钮 ，切换到相应的泊坞窗，"X"表示图形移动后所在位置的横坐标，"Y"表示图形移动后所在位置的纵坐标。如果勾选"相对位置"复选框，图形将相对于原位置的中心进行移动。相关选项设置好后，单击"应用"按钮，或按Enter键，完成图形的移动。移动前后图形的位置及"变换"泊坞窗如图2-168所示。

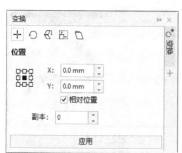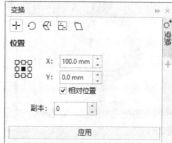

图2-168

设置好数值后，在"副本"选项中输入数值1，可以在移动的新位置复制生成一个新的图形。

2.2.5　图形的镜像

镜像效果经常被应用于设计作品中。在CorelDRAW 2020中，可以使用多种方法使图形沿水平、垂直或对角线的方向做镜像翻转。

1. 使用鼠标镜像图形

选取镜像图形，如图2-169所示。按住鼠标左键向相对方向直接拖曳控制手柄到适当的位置，直到显示图形的蓝色虚线框，如图2-170所示。松开鼠标左键就可以得到镜像图形，如图2-171所示。

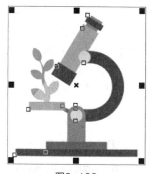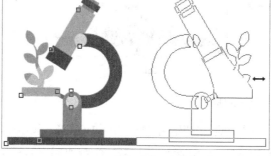

图2-169　　　　　　　　　　图2-170　　　　　　　　　　图2-171

按住Ctrl键，向相对方向直接拖曳左边或右边中间的控制手柄，可以得到保持原图形比例的水平镜像图形，如图2-172所示。按住Ctrl键，向相对方向直接拖曳上边或下边中间的控制手柄，可以得到保持原图形比例的垂直镜像图形，如图2-173所示。按住Ctrl键，向相对方向直接拖曳对角线上的控制手柄，可以得到保持原图形比例的沿对角线方向的镜像图形，如图2-174所示。

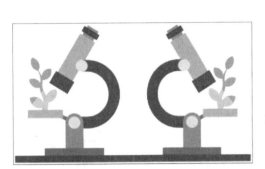

图2-172

图2-173

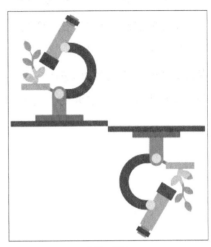

图2-174

提示 在镜像翻转的过程中，只能使图形本身产生镜像。如果想产生图2-172、图2-173和图2-174所示的效果，就要在镜像图形的位置生成一个复制图形。在松开鼠标左键之前按下鼠标右键，就可以在镜像图形的位置生成一个复制图形。

2. 使用属性栏镜像翻转图形

使用"选择"工具选中要镜像翻转的图形，如图2-175所示。属性栏如图2-176所示。

单击属性栏中的"水平镜像"按钮，可以使图形沿水平方向做镜像翻转。单击"垂直镜像"按钮，可以使图形沿垂直方向做镜像翻转。

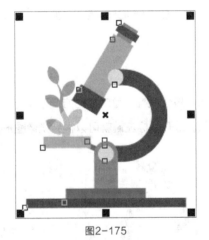

图2-175

图2-176

3. 使用"变换"泊坞窗镜像翻转图形

选中要镜像翻转的图形，在"变换"泊坞窗中单击"缩放和镜像"按钮，切换到相应的泊坞窗。单击"水平镜像"按钮，可以使图形沿水平方向做镜像翻转。单击"垂直镜像"按钮，可以使图形沿垂直方向做镜像翻转。设置好需要的数值，单击"应用"按钮即可得到镜像翻转效果。

还可以生成一个变形的镜像图形。在"变换"泊坞窗进行图2-177所示的参数设置，设置好后，单击"应用"按钮，即可生成一个变形的镜像，效果如图2-178所示。

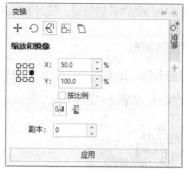

图2-177 　　　　　　　　　　图2-178

2.2.6 图形的旋转

1. 使用鼠标旋转图形

使用"选择"工具 选中要旋转的图形，图形的周围出现控制手柄。再次单击图形，这时图形的周围出现旋转 和倾斜 控制手柄，如图2-179所示。

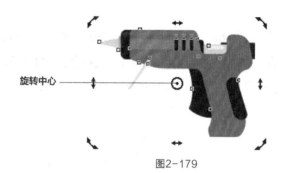

图2-179

将鼠标指针移动到旋转控制手柄上，这时的鼠标指针变为旋转图标↺，如图2-180所示。按住鼠标左键，拖曳鼠标旋转图形，旋转时会出现蓝色框指示旋转方向和角度，如图2-181所示。将图形旋转到需要的角度后松开鼠标左键，完成图形的旋转，效果如图2-182所示。

图2-180

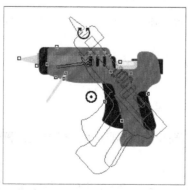

图2-181

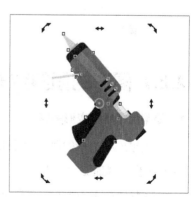

图2-182

图形是围绕旋转中心⊙旋转的，默认的旋转中心是图形的中心点，将鼠标指针移动到旋转中心上，按住鼠标左键拖曳旋转中心到需要的位置，松开鼠标左键，即可完成对旋转中心的移动。

2. 使用属性栏旋转图形

选中要旋转的图形，如图2-183所示。选择"选择"工具 ，在属性栏的"旋转角度" 中输入旋转的角度数值为30，如图2-184所示，按Enter键，效果如图2-185所示。

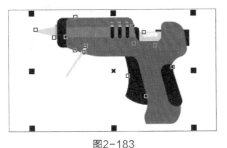  

图2-183   图2-184   图2-185

3. 使用"变换"泊坞窗旋转图形

选中要旋转的图形，如图2-186所示。在"变换"泊坞窗中单击"旋转"按钮 ，切换到相应的泊坞窗，设置如图2-187所示。

在"变换"泊坞窗"旋转"设置区的"角度"选项中直接输入旋转角度数值，旋转角度数值可以是正值也可以是负值。在"中"设置区中输入旋转中心的坐标；若勾选"相对中心"复选框，图形将以选中的点为旋转中心进行旋转。"变换"泊坞窗按照图2-188所示进行设置，设置完成后，单击"应用"按钮，图形旋转的效果如图2-189所示。

图2-186   图2-187   图2-188   图2-189

2.2.7 图形的倾斜变形

1. 使用鼠标倾斜变形图形

选中要倾斜变形的图形，图形的周围出现控制手柄。再次单击图形，这时图形的周围出现旋转 和倾斜 控制手柄，如图2-190所示。

将鼠标指针移动到倾斜控制手柄上，鼠标指针变为倾斜图标 ，如图2-191所示。按住鼠标左键，拖曳鼠标倾斜变形图形，倾斜变形时会出现蓝色框指示倾斜变形的方向和角度，如图2-192所示。倾斜到需要的角度后，松开鼠标左键，图形倾斜变形的效果如图2-193所示。

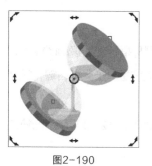
图2-190

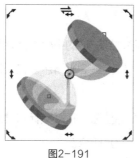
图2-191

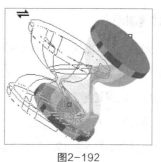
图2-192

图2-193

2. 使用"变换"泊坞窗倾斜变形图形

选中要倾斜变形的图形，如图2-194所示。在"变换"泊坞窗中单击"倾斜"按钮 ，切换到相应的泊坞窗，如图2-195所示。

在"变换"泊坞窗中设定倾斜变形的相关参数，如图2-196所示。单击"应用"按钮，图形倾斜变形，效果如图2-197所示。

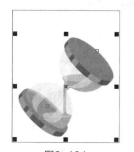
图2-194

图2-195

图2-196

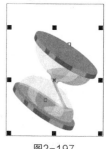
图2-197

2.2.8 图形的复制

1. 使用命令复制图形

选中要复制的图形，如图2-198所示。选择"编辑 > 复制"命令，或按Ctrl+C组合键，图形的副本将被放置在剪贴板中。选择"编辑 > 粘贴"命令，或按Ctrl+V组合键，图形的副本被粘贴到原图形的下面，其位置和原图形是相同的。拖曳鼠标移动图形，可以显示复制的图形，如图2-199所示。

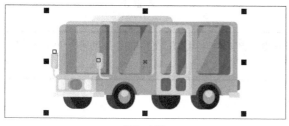
图2-198

图2-199

> **提示** 选择"编辑 > 剪切"命令，或按Ctrl+X组合键，图形将从绘图页面中删除并被放置在剪贴板中。

2. 使用鼠标拖曳的方式复制图形

选中要复制的图形，如图2-200所示。将鼠标指针移动到图形的中心点上，鼠标指针变为移动图标✛，如图2-201所示。按住鼠标左键拖曳图形到需要的位置，如图2-202所示。在合适位置单击鼠标右键，松开鼠标左键，图形的复制完成，效果如图2-203所示。

选中要复制的图形，按住鼠标右键并拖曳图形到需要的位置，松开鼠标右键后弹出图2-204所示的快捷菜单，选择"复制"命令，图形的复制完成，效果如图2-205所示。

使用"选择"工具选中要复制的图形，在数字键盘上按+键，可以快速复制图形。

图2-200

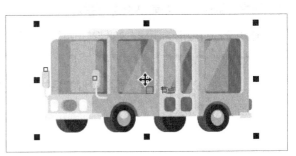

图2-201

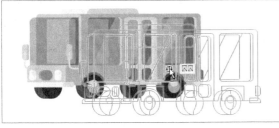

图2-202

图2-203

图2-204

图2-205

提示 要在两个不同的绘图页面之间复制图形，按住鼠标左键拖曳其中一个绘图页面中的图形到另一个绘图页面中，在松开鼠标左键前单击鼠标右键即可。

3. 使用命令复制图形属性

选中要复制属性的图形，如图2-206所示。选择"编辑 > 复制属性自"命令，弹出"复制属性"对话框，在对话框中勾选"填充"复选框，如图2-207所示。单击"OK"按钮，鼠标指针变为黑色箭头，在要粘贴属性的图形上单击，如图2-208所示。图形的属性复制完成，效果如图2-209所示。

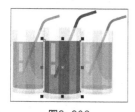

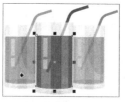

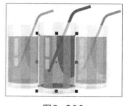

| 图2-206 | 图2-207 | 图2-208 | 图2-209 |

2.2.9　图形的删除

在CorelDRAW 2020中，可以方便快捷地删除图形。下面介绍如何删除图形。

选中要删除的图形，选择"编辑 > 删除"命令，或按Delete键，即可将其删除。

 如果想删除多个或全部的图形，首先要选中这些图形，然后选择"删除"命令或按Delete键。

课堂练习——绘制收音机图标

练习知识要点 使用"矩形"工具、"椭圆形"工具、"3点椭圆形"工具、"常见形状"工具和"变换"泊坞窗绘制收音机图标。效果如图2-210所示。

效果所在位置 学习资源\Ch02\效果\绘制收音机图标.cdr。

图2-210

课后习题——绘制卡通汽车

习题知识要点 使用"矩形"工具、"椭圆形"工具、"变换"泊坞窗、"PowerClip"命令和"水平镜像"按钮绘制卡通汽车。效果如图2-211所示。

效果所在位置 学习资源\Ch02\效果\绘制卡通汽车.cdr。

图2-211

第 3 章

绘制和编辑曲线

本章介绍

CorelDRAW 2020提供了多种绘制和编辑曲线的功能。绘制曲线是进行图形作品制作的基础。而使用修整功能可以制作出复杂多变的图形效果。通过学习本章内容，读者可以掌握绘制曲线、编辑曲线和修整图形的方法，为绘制出复杂、绚丽的作品打好基础。

学习目标

● 了解曲线的概念。

● 掌握绘制曲线的方法。

● 掌握编辑曲线的技巧。

● 熟练掌握修整功能里各种命令的使用方法。

技能目标

● 掌握"环境保护App引导页"的制作方法。

● 掌握"时尚女孩插画"的绘制方法。

● 掌握"计算器图标"的绘制方法。

3.1 绘制曲线

使用CorelDRAW 2020绘制出的作品都是由几何对象构成的，而几何对象的构成元素是直线和曲线。通过学习绘制曲线，读者可以进一步掌握CorelDRAW 2020强大的绘图功能。

3.1.1 课堂案例——制作环境保护App引导页

案例学习目标　学习使用绘制图形工具制作环境保护App引导页。

案例知识要点　使用"艺术笔"工具、"旋转角度"选项绘制狐狸、树和树叶图形；使用"椭圆形"工具绘制阴影。环境保护App引导页效果如图3-1所示。

效果所在位置　学习资源\Ch03\效果\制作环境保护App引导页.cdr。

图3-1

01 按Ctrl+O组合键，打开学习资源中的"Ch03\素材\制作环境保护App引导页\01"文件，如图3-2所示。

02 选择"艺术笔"工具，单击属性栏中的"喷涂"按钮，在"类别"下拉列表中选择"其他"选项，如图3-3所示。在"喷射图样"下拉列表中选择需要的图形，如图3-4所示。在页面外拖曳鼠标绘制图形，效果如图3-5所示。

图3-2

图3-3

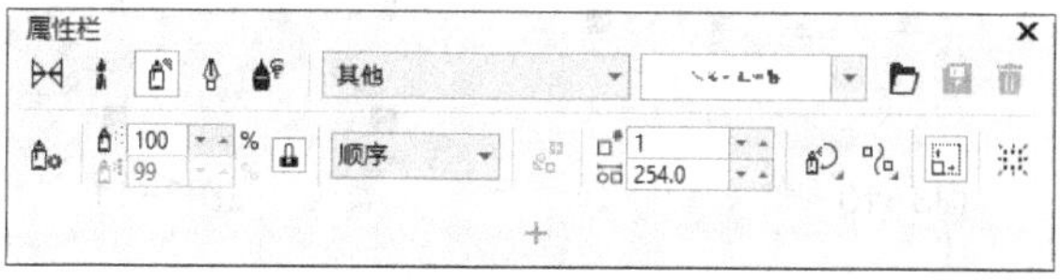

图3-4

图3-5

03 按Ctrl+K组合键，拆分艺术笔群组图形，如图3-6所示。按Ctrl+U组合键，取消群组图形。选择"选择"工具 ，用圈选的方法选中不需要的图形，如图3-7所示。按Delete键，将其删除，效果如图3-8所示。

图3-6

图3-7

图3-8

04 选择"选择"工具 ，选中并拖曳狐狸图形到页面中适当的位置，调整其大小，效果如图3-9所示。单击属性栏中的"水平镜像"按钮 ，水平翻转狐狸图形，效果如图3-10所示。

05 选择"椭圆形"工具 ，在适当的位置绘制一个椭圆形，设置颜色的RGB值为226、220、169，填充图形，并去除椭圆形的轮廓线，效果如图3-11所示。按Ctrl+PageDown组合键，将椭圆形后移一层，效果如图3-12所示。

图3-9

图3-10   图3-11   图3-12

06 选择"艺术笔"工具 ，在属性栏"类别"下拉列表中选择"植物"选项，在"喷射图样"下拉列表中选择需要的图形，如图3-13所示。在页面外拖曳鼠标绘制图形，效果如图3-14所示。

图3-13

图3-14

07 按Ctrl+K组合键，拆分艺术笔群组图形，如图3-15所示。按Ctrl+U组合键，取消群组图形。选择"选择"工具，选中需要的图形，如图3-16所示。

08 选择"选择"工具，拖曳图形到页面中适当的位置，并调整其大小，效果如图3-17所示。拖曳其他图形到页面中适当的位置，并调整其大小，效果如图3-18所示。

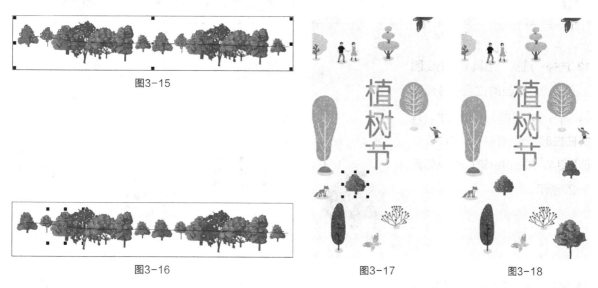

图3-15

图3-16

图3-17   图3-18

09 选择"椭圆形"工具，在适当的位置绘制两个椭圆形，如图3-19所示。选择"选择"工具，将绘制的椭圆形同时选中，设置颜色的RGB值为226、220、169，填充图形，并去除椭圆形的轮廓线，效果如图3-20所示。连续按Ctrl+PageDown组合键，将图形向后移至适当的位置，效果如图3-21所示。

图3-19   图3-20   图3-21

10 选择"艺术笔"工具，在属性栏"喷射图样"下拉列表中选择需要的图形，如图3-22所示。在页面外拖曳鼠标绘制图形，效果如图3-23所示。

图3-22   图3-23

11 按Ctrl+K组合键，拆分艺术笔群组图形，如图3-24所示。按Ctrl+U组合键，取消群组图形。选择"选择"工具 ，选中需要的图形，如图3-25所示。

图3-24　　　　　　　　　　　　　　　　图3-25

12 选择"选择"工具 ，拖曳图形到页面中适当的位置，并调整其大小，效果如图3-26所示。在属性栏的"旋转角度"中设置数值为34，按Enter键，效果如图3-27所示。

图3-26　　　　　　　　　　　　　图3-27

13 拖曳其他图形到页面中适当的位置，并调整其大小，效果如图3-28所示。环境保护App引导页制作完成，效果如图3-29所示。

图3-28　　　　　　　　　　　　图3-29

3.1.2 认识曲线

在CorelDRAW 2020中，曲线是矢量图形的组成部分。可以使用绘图工具绘制曲线，也可以将多边形、椭圆形及文本对象转换成曲线。下面对曲线的节点、线段、控制线和控制点等概念进行讲解。

节点：构成曲线的基本要素。可以通过确定节点位置，调整节点的控制点来绘制曲线和改变曲线的形状；可以通过在曲线上增加和删除节点使曲线的绘制更加准确；可以通过转换节点的性质，将直线和曲线的节点相互转换，使直线段转换为曲线段或使曲线段转换为直线段。

线段：指两个节点之间的部分。线段包括直线段和曲线段，如图3-30所示。直线段在转换成曲线段后，可以进行曲线特性的操作。

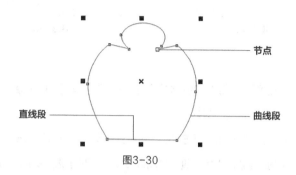

节点

曲线段

直线段

图3-30

控制线：在绘制曲线的过程中，节点的两端出现的蓝色虚线。选择"形状"工具 ，在已经绘制好的曲线的节点上单击，节点的两端会出现控制线。

提示 直线段的节点没有控制线。直线段转换为曲线段后，节点的两端会出现控制线。

控制点：在绘制曲线的过程中，节点的两端会出现控制线，控制线的两端是控制点，如图3-31所示。移动控制点可以调整曲线的弯曲程度。

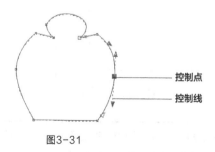

控制点

控制线

图3-31

3.1.3 贝塞尔工具

使用"贝塞尔"工具 可以绘制出平滑、精确的曲线。可以通过改变节点和控制点的位置来控制曲线的弯曲程度。可以通过节点和控制点对绘制完的直线或曲线进行精确的调整。

1. 绘制直线和折线

选择"贝塞尔"工具 ，在绘图页面中单击确定直线的起点，拖曳鼠标到需要的位置，再次单击确定直线的终点，绘制出一段直线。只要确定下一个节点，就可以绘制出折线。如果想绘制出具有多个折角的折线，只需要继续确定节点即可，如图3-32所示。

双击折线上的节点，将删除这个节点，折线上该节点两侧的节点将自动连接，效果如图3-33所示。

图3-32 图3-33

2. 绘制曲线

选择"贝塞尔"工具，在绘图页面中按住鼠标左键并拖曳以确定曲线的起点，松开鼠标左键，这时该节点的两边出现控制线和控制点，如图3-34所示。

将鼠标指针移动到需要的位置并按住鼠标左键，两个节点间出现一条曲线段，拖曳鼠标，第2个节点的两边出现控制线和控制点，控制线和控制点会随着鼠标指针的移动而发生变化，曲线的形状也会随之发生变化。将曲线调整到需要的效果后松开鼠标左键，如图3-35所示。

在下一个需要的位置单击后，将出现一条连续的平滑曲线，如图3-36所示。用"形状"工具在第2个节点处单击，出现控制线和控制点，效果如图3-37所示。

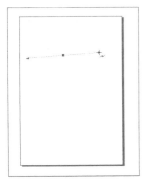 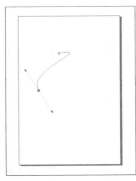  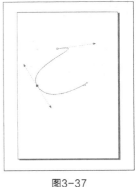

图3-34 图3-35 图3-36 图3-37

提示 当确定一个节点后，在这个节点上双击，单击确定下一个节点后会得到直线。当确定一个节点后，在这个节点上双击，在要添加下一个节点的位置拖曳鼠标会得到曲线。

3.1.4 艺术笔工具

在CorelDRAW 2020中，使用"艺术笔"工具可以绘制出多种精美的线条和图形，可以模仿真实画笔的效果，在画面中绘制出丰富的图形。使用"艺术笔"工具可以绘制不同风格的设计作品。

选择"艺术笔"工具，属性栏如图3-38所示。属性栏中包含了5种模式，分别是"预设"模式、"笔刷"模式、"喷涂"模式、"书法"模式和"表达式"模式。下面具体介绍这5种模式。

图3-38

1. 预设模式

"预设"模式提供了多种线条类型。可以通过"预设"模式改变曲线的宽度。单击属性栏"预设笔触"右侧的下拉按钮，弹出其下拉列表，如图3-39所示，可在下拉列表中选择需要的线条类型。

在"手绘平滑" 100 中输入数值或拖曳滑块可以调节绘图时线条的平滑程度。在"笔触宽度" 10.0 mm 中输入数值可以设置曲线的宽度。选择"预设"模式和线条类型后，鼠标指针变为 图标，在绘图页面中按住鼠标左键并拖曳，可以绘制出封闭的线条图形。

2. 笔刷模式

"笔刷"模式提供了多种样式的笔刷。运用这些笔刷，可以绘制出漂亮的效果。

在属性栏中单击"笔刷"模式按钮，单击"笔刷笔触"右侧的下拉按钮，弹出其下拉列表，如图3-40所示。在下拉列表中选择需要的笔刷类型，在页面中按住鼠标左键并拖曳，绘制出需要的图形。

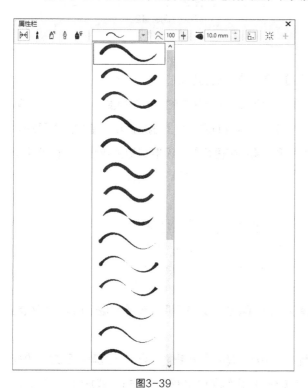

图3-39

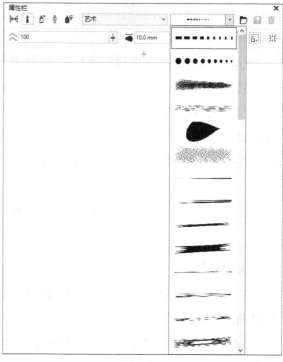

图3-40

3. 喷涂模式

"喷涂"模式提供了多种有趣的图形，这些图形可以应用在绘制的曲线上。可以在属性栏的"喷射涂样"下拉列表中选择需要的图样来绘制需要的图形。

在属性栏中单击"喷涂"模式按钮  ，单击"喷射图样"右侧的下拉按钮 ，弹出其下拉列表，如图3-41所示。在下拉列表中选择需要的喷射图样。单击属性栏中"喷涂顺序" 右侧的下拉按钮，弹出下拉列表，如图3-42所示，可以在下拉列表中选择喷出图形的顺序。选择"随机"选项，喷出的图形将会随机分布。选择"顺序"选项，喷出的图形将会以方形区域分布。选择"按方向"选项，喷出的图形将会随鼠标指针移动的路径分布。选择喷涂顺序后，在页面中按住鼠标左键并拖曳，绘制出需要的图形。

图3-41

图3-42

4. 书法模式

利用"书法"模式可以绘制出类似书法的效果，还可以改变曲线的宽度。

在属性栏中单击"书法"模式按钮 ，属性栏如图3-43所示。在属性栏的"书法角度" 选项中，可以设置书法笔触的角度。如果角度值设为0°，书法笔在垂直方向画出的线条最粗，笔尖是水平的。如果角度值设为90°，书法笔在水平方向画出的线条最粗，笔尖是垂直的。设置好相关参数后，在绘图页面中按住鼠标左键并拖曳，绘制出需要的图形。

图3-43

5. 表达式模式

在"表达式"模式下，可以用压力感应笔或键盘输入的方式改变线条的宽度。使用好这个功能可以绘制出特殊的图形效果。

单击"表达式"模式按钮 ，属性栏如图3-44所示。单击"笔压"按钮 ，可以通过笔触压力来改变笔尖大小。单击"笔倾斜"按钮 ，可以通过笔触倾斜来改变绘出线条的平滑度。单击"笔方位"按钮 ，可以通过笔触方位来改变笔尖旋转角度。设置好压力感应笔的笔触宽度、平滑度和方位角后，在绘图页面中按住鼠标左键并拖曳，绘制出需要的图形。

图3-44

3.1.5　钢笔工具

使用"钢笔"工具可以绘制出多种精美的曲线和图形，还可以对已绘制的曲线和图形进行编辑和修改。在CorelDRAW 2020中，很多复杂图形都可以通过钢笔工具来完成。

1．绘制直线和折线

选择"钢笔"工具，在绘图页面中单击以确定直线的起点，拖曳鼠标到需要的位置，再单击以确定直线的终点，绘制出一段直线，效果如图3-45所示。继续单击确定下一个节点，就可以绘制出折线，如果想绘制出具有多个折角的折线，只需要继续单击确定节点就可以了，折线的效果如图3-46所示。要结束绘制，按Esc键或单击"钢笔"工具按钮即可。

2．绘制曲线

选择"钢笔"工具，在绘图页面中单击以确定曲线的起点，将鼠标指针移动到需要的位置按住鼠标左键不放，此时在两个节点间出现一条直线段，如图3-47所示。拖曳鼠标，第2个节点的两边出现控制线和控制点，控制线和控制点会随着鼠标的拖曳而发生变化，直线段变为曲线段，如图3-48所示。调整到需要的效果后松开鼠标左键，曲线的效果如图3-49所示。

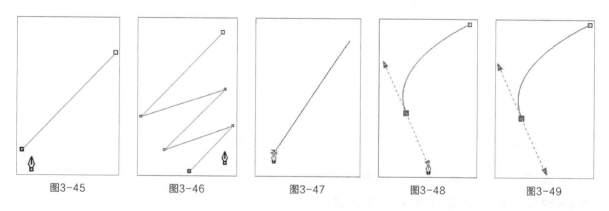

图3-45　　　　　　图3-46　　　　　　图3-47　　　　　　图3-48　　　　　　图3-49

可以使用相同的方法继续绘制曲线，效果如图3-50和图3-51所示。绘制完成的曲线如图3-52所示。

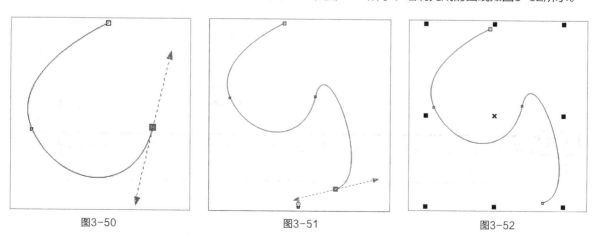

图3-50　　　　　　　　　　　图3-51　　　　　　　　　　　图3-52

如果想在绘制曲线后继续绘制直线，按住C键，在要继续绘制直线的节点上按住鼠标左键并拖曳，这时出现节点的控制点。松开C键，将控制点拖曳到下一个节点的位置，如图3-53所示。松开鼠标左键并单击，可以绘制出一段直线，效果如图3-54所示。

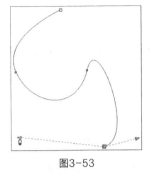

图3-53

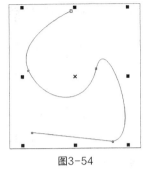

图3-54

3. 编辑曲线

在属性栏中单击"自动添加或删除节点"按钮，在曲线绘制的过程会自动添加或删除节点。

将鼠标指针移动到节点上，鼠标指针变为删除节点图标，如图3-55所示。单击节点可以删除该节点，效果如图3-56所示。

将鼠标指针移动到曲线上，鼠标指针变为添加节点图标，如图3-57所示。单击曲线可以在单击位置添加一个节点，效果如图3-58所示。

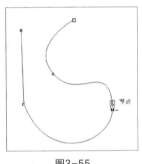

图3-55

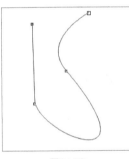

图3-56

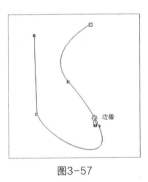

图3-57

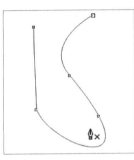

图3-58

将鼠标指针移动到曲线的起点上，鼠标指针变为闭合曲线图标，如图3-59所示。单击曲线起点可以闭合曲线，效果如图3-60所示。

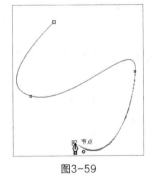

图3-59

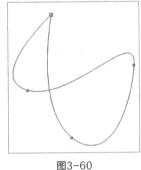

图3-60

提示 在绘制曲线的过程中，按住Alt键，可以编辑曲线段，进行节点的性质转换、移动等操作；松开Alt键，可以继续进行曲线绘制。

3.2 编辑曲线

在CorelDRAW 2020中，完成曲线或图形的绘制后，可能还需要进一步调整曲线或图形以达到设计要求，这时就需要用到CorelDRAW 2020的编辑曲线功能。

3.2.1 课堂案例——绘制时尚女孩插画

案例学习目标 使用曲线相关工具绘制时尚女孩插画。

案例知识要点 使用"矩形"工具、"贝塞尔"工具、"椭圆形"工具、"水平镜像"按钮和填充工具绘制人物；使用"椭圆形"工具、"形状"工具绘制镜片。时尚女孩插画效果如图3-61所示。

效果所在位置 学习资源\Ch03\效果\绘制时尚女孩插画.cdr。

图3-61

01 按Ctrl+N组合键，弹出"创建新文档"对话框，设置文档的宽度为200mm，高度为200mm，方向为纵向，色彩模式为CMYK，分辨率为300dpi，单击"OK"按钮，创建一个文档。

02 双击"矩形"工具按钮□，绘制一个与页面大小相等的矩形，如图3-62所示。设置颜色的CMYK值为0、12、26、0，填充图形，并去除矩形的轮廓线，效果如图3-63所示。

03 选择"贝塞尔"工具⟋，在页面中绘制图形，如图3-64所示。设置颜色的CMYK值为2、0、7、0，填充图形，并去除图形的轮廓线，效果如图3-65所示。

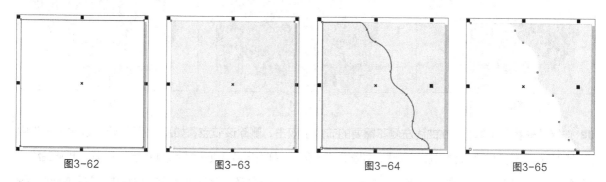

图3-62　　　　　　　图3-63　　　　　　　图3-64　　　　　　　图3-65

04 选择"贝塞尔"工具⟋，在适当的位置绘制两个图形，如图3-66所示。选择"选择"工具▸，选中需要的图形，设置颜色的CMYK值为0、17、20、0，填充图形，并去除图形的轮廓线，效果如图3-67所示。选中另一个需要的图形，设置颜色的CMYK值为4、21、24、0，填充图形，并去除图形的轮廓线，效果如图3-68所示。

05 选择"贝塞尔"工具☑，在适当的位置绘制图形，如图3-69所示。选中该图层设置颜色的CMYK值为4、71、34、0，填充图形，并去除图形的轮廓线，效果如图3-70所示。

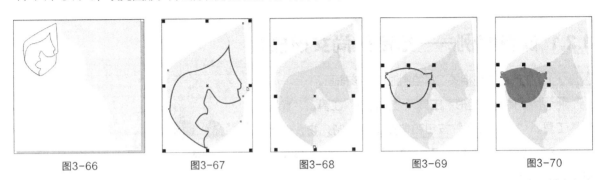

图3-66　　　　　　图3-67　　　　　　图3-68　　　　　　图3-69　　　　　　图3-70

06 选择"椭圆形"工具○，在按住Ctrl键的同时，在适当的位置绘制一个圆形，如图3-71所示。单击属性栏中的"转换为曲线"按钮☒，将圆形转换为曲线，如图3-72所示。

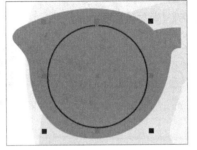
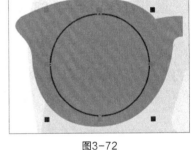

图3-71　　　　　　　　　　　图3-72

07 选择"形状"工具↖，选中并向右拖曳圆形曲线右侧的节点到适当的位置，效果如图3-73所示。选择"形状"工具↖，在曲线上适当的位置双击，添加一个节点，如图3-74所示。选中并向左拖曳添加的节点到适当的位置，效果如图3-75所示。

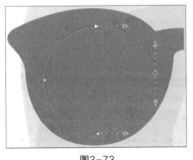
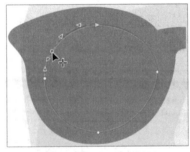
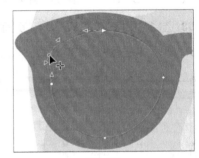

图3-73　　　　　　　　图3-74　　　　　　　　图3-75

08 选择"形状"工具↖，在曲线左侧不需要的节点上双击，删除该节点，如图3-76所示。选中上一步中添加的节点，节点的两端会出现控制线，如图3-77所示。拖曳节点下方控制线到适当的位置，调整曲线的弧度，如图3-78所示。选择"选择"工具↖，选中图形，填充黑色，并去除图形的轮廓线，效果如图3-79所示。

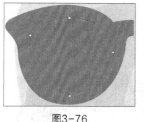
图3-76

图3-77

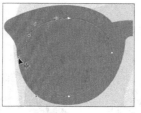
图3-78

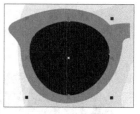
图3-79

09 选择"选择"工具 ，用圈选的方法将两个图形同时选中，如图3-80所示。按数字键盘上的+键，复制选中的图形。在按住Shift键的同时，水平向右拖曳复制得到的图形到适当的位置，效果如图3-81所示。单击属性栏中的"水平镜像"按钮 ，水平翻转复制得到的图形，效果如图3-82所示。

10 选择"贝塞尔"工具 ，在适当的位置绘制图形，如图3-83所示。设置颜色的CMYK值为27、100、50、11，填充图形，并去除图形的轮廓线，效果如图3-84所示。

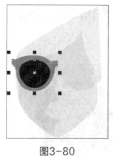
图3-80

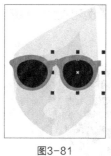
图3-81

图3-82

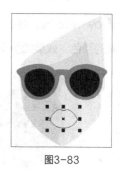
图3-83

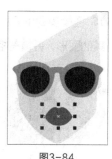
图3-84

11 选择"贝塞尔"工具 ，在适当的位置绘制图形，如图3-85所示。设置颜色的CMYK值为29、100、53、16，填充图形，并去除图形的轮廓线，效果如图3-86所示。用相同的方法绘制牙齿，并完善嘴部，效果如图3-87所示。

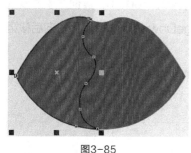
图3-85

图3-86

图3-87

12 选择"贝塞尔"工具 ，在适当的位置绘制图形，填充黑色，并去除图形的轮廓线，效果如图3-88所示。

13 选择"选择"工具 ，选中上一步中绘制的图形，按数字键盘上的+键，复制图形。在按住Shift键的同时，水平向右拖曳复制得到的图形到适当的位置，效果如图3-89所示。单击属性栏中的"水平镜像"按钮 ，水平翻转复制得到的图形，效果如图3-90所示。

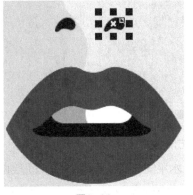
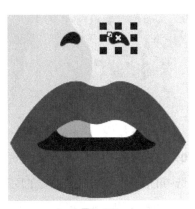

图3-88　　　　　　　　　　　图3-89　　　　　　　　　　　图3-90

14 选择"贝塞尔"工具，在适当的位置绘制图形，如图3-91所示。设置颜色的CMYK值为1、29、17、0，填充图形，并去除图形的轮廓线，效果如图3-92所示。

15 连续按Ctrl+PageDown组合键，将图形向后移至适当的位置，效果如图3-93所示。用相同的方法绘制其他图形，并填充相应的颜色，效果如图3-94所示。

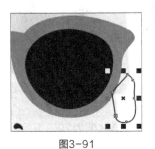
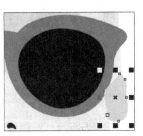
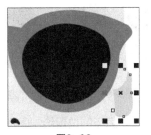
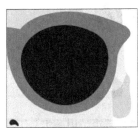

图3-91　　　　　　　　图3-92　　　　　　　　图3-93　　　　　　　　图3-94

16 选择"椭圆形"工具，在按住Ctrl键的同时，在适当的位置绘制一个圆形，如图3-95所示。按F12键，弹出"轮廓笔"对话框，在"颜色"选项中设置颜色的CMYK值为0、40、100、0，其他选项的设置如图3-96所示。单击"OK"按钮，效果如图3-97所示。连续按Ctrl+PageDown组合键，将图形向后移至适当的位置，效果如图3-98所示。

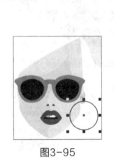

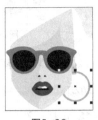

图3-95　　　　　　　　　　图3-96　　　　　　　　　　图3-97　　　　　　图3-98

17 选择"贝塞尔"工具，在适当的位置绘制图形，如图3-99所示。设置颜色的CMYK值为5、4、12、0，填充图形，并去除图形的轮廓线，效果如图3-100所示。连续按Ctrl+PageDown组合键，将图形向后移至适当的位置，效果如图3-101所示。

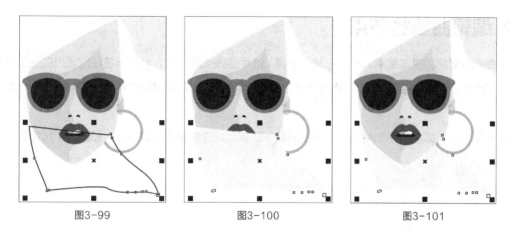

图3-99　　　　　　　　　　图3-100　　　　　　　　　　图3-101

18 用相同的方法绘制人物身体其他部分，并填充相应的颜色，效果如图3-102所示。选择"贝塞尔"工具，在页面中绘制图形，如图3-103所示。设置颜色的CMYK值为2、0、7、0，填充图形，并去除图形的轮廓线，效果如图3-104所示。

图3-102　　　　　　　　　　图3-103　　　　　　　　　　图3-104

19 使用"贝塞尔"工具为头发绘制白色高光，效果如图3-105所示。按Ctrl+I组合键，弹出"导入"对话框，选择学习资源中的"Ch03\素材\绘制时尚女孩插画\01"文件，单击"导入"按钮，在页面中单击导入图形。选择"选择"工具，拖曳图形到适当的位置，效果如图3-106所示。

20 连续按Ctrl+PageDown组合键，将图形向后移至适当的位置，效果如图3-107所示。时尚女孩插画绘制完成，效果如图3-108所示。

图3-105　　　　　　图3-106　　　　　　图3-107　　　　　　图3-108

3.2.2 编辑曲线的节点

节点是构成对象的基本要素。用"形状"工具[图]选中曲线或图形后，会显示曲线或图形的全部节点。移动节点或节点的控制点、控制线可以编辑曲线或图形的形状，还可以通过增加和删除节点来进一步编辑曲线或图形。

绘制一条曲线，如图3-109所示。选择"形状"工具[图]，选中曲线上的节点，如图3-110所示。属性栏如图3-111所示。

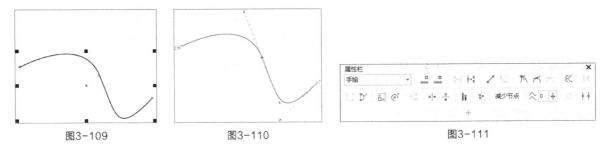

图3-109　　　　　　　图3-110　　　　　　　　　　　　图3-111

属性栏中有3种类型的节点：尖突节点、平滑节点和对称节点。节点类型的不同决定了节点控制点属性的不同，单击属性栏中的相应按钮可以转换节点的类型。

尖突节点：尖突节点的控制点是独立的，当移动其中一个控制点时，另一个控制点并不会移动，从而使得通过尖突节点的曲线能够尖突弯曲。

平滑节点：平滑节点的控制点是相关联的，当移动其中一个控制点时，另一个控制点也会随之移动，通过平滑节点连接的线段会产生平滑的过渡。

对称节点：对称节点的控制点不仅是相关联的，而且控制线的长度是相等的，从而使得对称节点两边曲线的曲率也是相等的。

1. 选中并移动节点

绘制一个图形，如图3-112所示。选择"形状"工具[图]，单击选中其中一个节点，如图3-113所示。按住鼠标左键拖曳鼠标，该节点被移动，如图3-114所示。松开鼠标左键，图形调整的效果如图3-115所示。

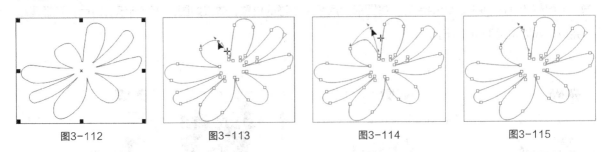

图3-112　　　　　　图3-113　　　　　　图3-114　　　　　　图3-115

使用"形状"工具[图]选中并拖曳其中一个节点上的控制点，如图3-116所示。松开鼠标左键，图形调整的效果如图3-117所示。

使用"形状"工具 圈选图形上的部分节点，如图3-118所示。松开鼠标左键，图形中被选中的部分节点如图3-119所示。拖曳任意一个被选中的节点，其他被选中的节点也会随之移动。

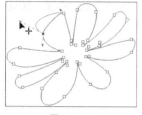
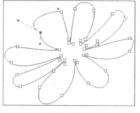
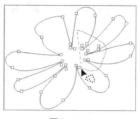
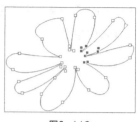

图3-116　　　　　　　　图3-117　　　　　　　　图3-118　　　　　　　　图3-119

提示　因为在CorelDRAW 2020中有3种节点类型，所以当移动不同类型节点上的控制点时，图形的形状会有不同形式的变化。

2. 增加和删除节点

绘制一个图形，如图3-120所示。使用"形状"工具 选中需要增加节点的曲线，将鼠标指针移至曲线上要增加节点的位置，如图3-121所示。双击可以在这个位置增加一个节点，效果如图3-122所示。

单击属性栏中的"添加节点"按钮 ，也可以在曲线上增加节点。

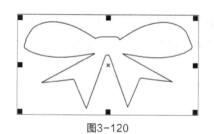
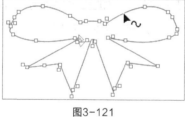
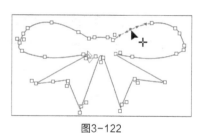

图3-120　　　　　　　　　　图3-121　　　　　　　　　　图3-122

将鼠标指针移至要删除的节点上，如图3-123所示。双击可以删除这个节点，效果如图3-124所示。
选中要删除的节点，单击属性栏中的"删除节点"按钮 ，也可以在曲线上删除选中的节点。

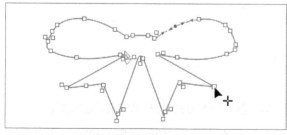
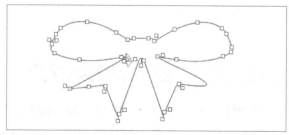

图3-123　　　　　　　　　　　　　　图3-124

提示　如果需要在曲线或图形中删除多个节点，只需在按住Shift键的同时，选中要删除的多个节点，选中后按Delete键就可以了。也可以使用圈选的方法选中需要删除的多个节点，选中后按Delete键。

3. 合并和连接节点

绘制一个图形，如图3-125所示。选择"形状"工具 ，按住Ctrl键，选中两个需要合并的节点，如图3-126所示。单击属性栏中的"连接两个节点"按钮 ，将两个节点合并，使曲线成为闭合的曲线，如图3-127所示。

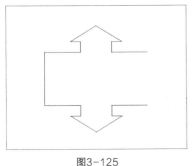
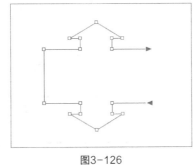
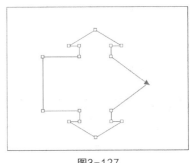

图3-125　　　　　　　　　　　图3-126　　　　　　　　　　　图3-127

使用"形状"工具 圈选两个需要连接的节点，单击属性栏中的"闭合曲线"按钮 ，可以将两个节点以直线连接，使曲线成为闭合的曲线。

4. 断开节点

在曲线中要断开的节点上单击，选中该节点，如图3-128所示。单击属性栏中的"断开曲线"按钮 ，断开该节点，效果如图3-129所示。使用"形状"工具 选择并移动该节点，效果如图3-130所示。

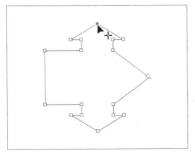

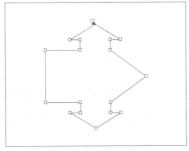
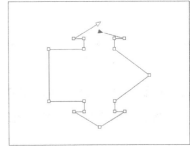

图3-128　　　　　　　　　　　图3-129　　　　　　　　　　　图3-130

3.2.3 编辑曲线的轮廓和端点

在属性栏中，可以设置曲线轮廓和端点的样式，这些功能可以帮助用户制作出非常实用的效果。

绘制一条曲线，再用"选择"工具 选中这条曲线，如图3-131所示。这时的属性栏如图3-132所示。在属性栏中单击"轮廓宽度" 0.2 mm 右侧的下拉按钮 ，弹出"轮廓宽度"下拉列表，如图3-133所示。在下拉列表中选择需要的选项，调整曲线的宽度，效果如图3-134所示。也可以在"轮廓宽度"中输入数值后，按Enter键，设置曲线宽度。

图3-131　　　　　　　　图3-132　　　　　　　　图3-133　　　　　　图3-134

在属性栏中有"线条样式"————、"起始箭头"——和"终止箭头"——3个下拉列表。单击"起始箭头"——的下拉按钮，弹出"起始箭头"下拉列表，如图3-135所示。在下拉列表中选择需要的箭头样式，在曲线的起点会出现选择的箭头样式，效果如图3-136所示。单击"线条样式"————的下拉按钮，弹出"线条样式"下拉列表，如图3-137所示。在下拉列表中选择需要的线条样式，曲线的样式被改变，效果如图3-138所示。单击"终止箭头"——的下拉按钮，弹出"终止箭头"下拉列表，如图3-139所示。在下拉列表中选择需要的箭头样式，在曲线的终点会出现选择的箭头样式，如图3-140所示。

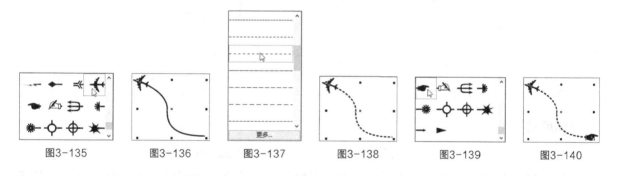

图3-135　　　　图3-136　　　　图3-137　　　　图3-138　　　　图3-139　　　　图3-140

3.2.4 编辑和修改几何图形

使用"矩形""椭圆形""多边形"工具绘制的图形是简单的几何图形。这类图形的节点比较少，只能对其进行简单的编辑。如果想对其进行更复杂的编辑，就需要将简单的几何图形转换为曲线。

1. 使用"转换为曲线"按钮

使用"椭圆形"工具绘制一个椭圆形，效果如图3-141所示。在属性栏中单击"转换为曲线"按钮，将椭圆形转换为曲线，曲线上出现多个节点，如图3-142所示。使用"形状"工具拖曳曲线上的节点，如图3-143所示。松开鼠标左键，调整后的曲线效果如图3-144所示。

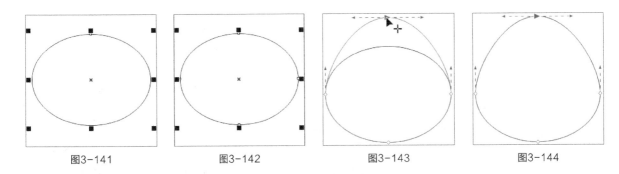

图3-141　　　　　　　　图3-142　　　　　　　　图3-143　　　　　　　　图3-144

2. 使用"转换为曲线"按钮

使用"多边形"工具○绘制一个多边形，如图3-145所示。选择"形状"工具，单击选中节点，如图3-146所示。单击属性栏中的"转换为曲线"按钮，将多边形中的线段转换为曲线，曲线上出现节点，图形的对称性被保留，如图3-147所示。使用"形状"工具拖曳节点调整图形，如图3-148所示。松开鼠标左键，图形效果如图3-149所示。

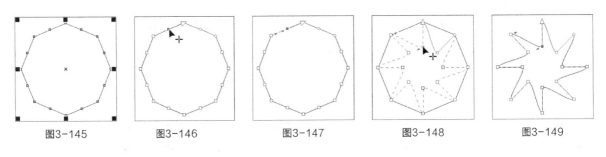

图3-145　　　　　图3-146　　　　　图3-147　　　　　图3-148　　　　　图3-149

3. 裁切图形

使用"刻刀"工具可以对单一的图形进行裁切，将一个图形裁切成两个部分。

选择"刻刀"工具，将鼠标指针放到图形上要裁切的起点位置，鼠标指针变为图标后单击，如图3-150所示。移动鼠标指针会出现一条裁切线，将鼠标指针放在要裁切的终点位置后单击，如图3-151所示。图形裁切完成的效果如图3-152所示。使用"选择"工具拖曳裁切后的图形，图形被分成了两部分，如图3-153所示。

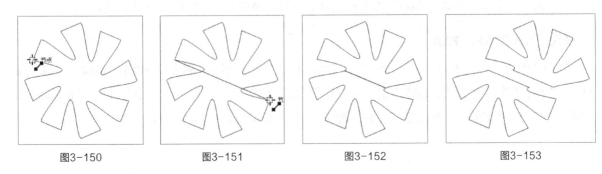

图3-150　　　　　　图3-151　　　　　　图3-152　　　　　　图3-153

单击"剪切时自动闭合"按钮，图形被裁切后生成的两部分将自动闭合，并保留其填充属性。若不单击此按钮，图形被裁切后，裁切的两部分不会自动闭合，同时图形会失去其填充属性。

技巧 按住Shift键，使用"刻刀"工具将以贝塞尔曲线的方式裁切图形。已经经过渐变、群组及特殊效果处理的图形和位图不能使用"刻刀"工具进行裁切。

4. 擦除图形

使用"橡皮擦"工具可以擦除部分或全部图形，并可以将擦除后图形的剩余部分自动闭合。"橡皮擦"工具只能对单一的图形进行擦除。

选中一个图形，如图3-154所示。选择"橡皮擦"工具▣，鼠标指针变为擦除工具图标，按住鼠标左键拖曳鼠标可以擦除图形，如图3-155所示。松开鼠标左键，擦除后的图形效果如图3-156所示。

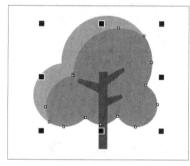

图3-154

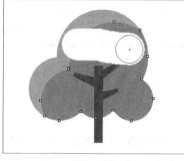

图3-155

图3-156

属性栏如图3-157所示。在"橡皮擦厚度" ⊖ 15.0 mm 中可以设置橡皮擦的宽度。单击"减少节点"按钮▣，可以在擦除图形时自动平滑边缘。单击橡皮擦形状按钮○或□可以转换橡皮擦的形状为方形或圆形。

图3-157

5. 修饰图形

使用"沾染"工具▣和"粗糙"工具▣可以修饰已绘制好的矢量图形。

绘制一个图形，如图3-158所示。选择"沾染"工具▣，属性栏如图3-159所示。在图形上拖曳鼠标，制作出沾染效果，如图3-160所示。

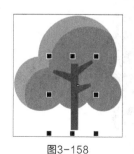

图3-158

图3-159

图3-160

绘制一个图形，如图3-161所示。选择"粗糙"工具 ，属性栏如图3-162所示。在图形边缘拖曳鼠标，制作出粗糙效果，如图3-163所示。

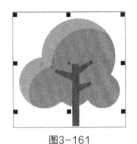

图3-161

图3-162

图3-163

> **提示** "沾染"工具 和"粗糙"工具 可以应用的对象有开放和闭合的路径，以及具有纯色和交互式渐变填充、交互式透明和交互式阴影效果的对象。不可以应用的对象有交互式调和、立体化的对象和位图。

3.3 对象的造型

在CorelDRAW 2020中，形状功能是编辑对象的重要手段。使用形状功能中的"焊接""修剪""相交""简化"等命令可以创建出复杂的对象。

3.3.1 课堂案例——绘制计算器图标

案例学习目标 学习使用图形绘制工具、形状功能绘制计算器图标。

案例知识要点 使用"矩形"工具、"圆角半径"选项、"移除前面对象"按钮、"水平镜像"按钮、"垂直镜像"按钮、"文本"工具和"透明度"工具绘制计算器机身、显示屏和按钮；使用"阴影"工具为按钮添加阴影效果。计算器图标效果如图3-164所示。

效果所在位置 学习资源\Ch03\效果\绘制计算器图标.cdr。

图3-164

1. 绘制计算器机身显示屏

01 按Ctrl+N组合键，弹出"创建新文档"对话框，设置文档的宽度为1024px，高度为1024px，方向为纵向，色彩模式为RGB，分辨率为72dpi，单击"OK"按钮，创建一个文档。

02 双击"矩形"工具按钮▢，绘制一个与页面大小相等的矩形，如图3-165所示。设置颜色的RGB值为95、42、119，填充图形，并去除图形的轮廓线，效果如图3-166所示。

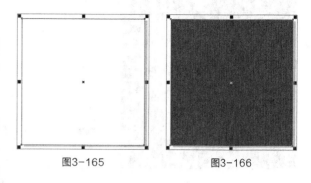

图3-165　　　　　图3-166

03 使用"矩形"工具▢绘制一个矩形，如图3-167所示。在属性栏中将"圆角半径"选项均设为50px，如图3-168所示，按Enter键，效果如图3-169所示。

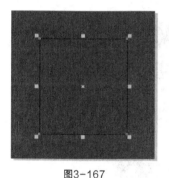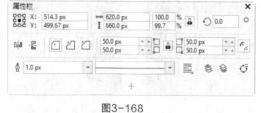

图3-167　　　　　　　　　　图3-168　　　　　　　　　　图3-169

04 按F12键，弹出"轮廓笔"对话框，在"颜色"选项中设置轮廓线颜色的RGB值为81、28、99，其他选项的设置如图3-170所示。单击"OK"按钮，效果如图3-171所示。

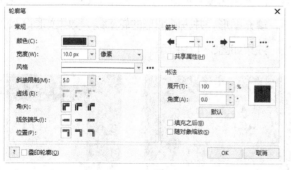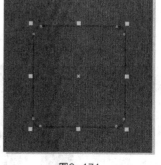

图3-170　　　　　　　　　　　　　　图3-171

05 设置颜色的RGB值为240、82、29，填充图形，效果如图3-172所示。选择"阴影"工具▢，在属性栏中单击"预设列表"下拉按钮，在弹出的下拉列表中选择"平面左下"选项，其他选项的设置如图3-173所示，按Enter键，效果如图3-174所示。

| 图3-172 | 图3-173 | 图3-174 |

06 选择"选择"工具 ↖ ，选中圆角矩形，按数字键盘上的+键，复制圆角矩形。在按住Shift键的同时，垂直向上拖曳复制得到的圆角矩形到适当位置，效果如图3-175所示。设置颜色的RGB值为251、161、46，填充图形，效果如图3-176所示。

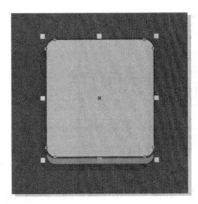

| 图3-175 | 图3-176 |

07 按数字键盘上的+键，复制圆角矩形。垂直向下微调复制得到的圆角矩形到适当位置，效果如图3-177所示。设置颜色的RGB值为252、114、68，填充图形，并去除图形的轮廓线，效果如图3-178所示。按Ctrl+PageDown组合键，将图形向后移一层，效果如图3-179所示。

| 图3-177 | 图3-178 | 图3-179 |

08 选择"选择"工具 ↖，选中最上方的圆角矩形，按数字键盘上的+键，复制圆角矩形，如图3-180所示。设置颜色的RGB值为251、148、53，填充图形，并去除图形的轮廓线，效果如图3-181所示。

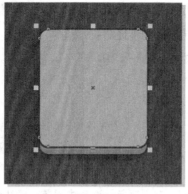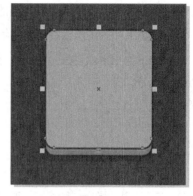

图3-180　　　　　　　　　　　　　　　　图3-181

09 按数字键盘上的+键，复制圆角矩形。水平向右微调复制得到的圆角矩形到适当的位置，填充该圆角矩形为白色，效果如图3-182所示。在按住Shift键的同时，单击左侧原圆角矩形将其选中，如图3-183所示。单击属性栏中的"移除前面对象"按钮 ⬚，将两个圆角矩形剪切为一个图形，效果如图3-184所示。

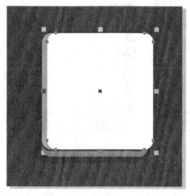

图3-182　　　　　　　　　　图3-183　　　　　　　　　　图3-184

10 按数字键盘上的+键，复制选中的图形，效果如图3-185所示。单击属性栏中的"水平镜像"按钮 ⬄，水平翻转图形，选择"选择"工具 ↖，在按住Shift键的同时，水平向右拖曳翻转得到的图形到适当位置，效果如图3-186所示。设置颜色的RGB值为255、180、48，填充图形，效果如图3-187所示。

图3-185　　　　　　　　　　图3-186　　　　　　　　　　图3-187

11 选择"矩形"工具▢，在适当的位置绘制一个矩形，如图3-188所示。在属性栏中将"圆角半径"选项均设为10px，按Enter键，效果如图3-189所示。

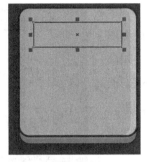
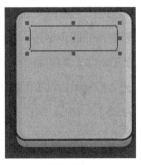

图3-188　　　　　　　图3-189

12 按F12键，弹出"轮廓笔"对话框，在"颜色"选项中设置轮廓线颜色的RGB值为81、28、99，其他选项的设置如图3-190所示。单击"OK"按钮，效果如图3-191所示。设置颜色的RGB值为165、243、255，填充图形，效果如图3-192所示。

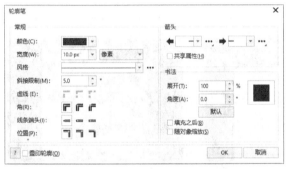

图3-190

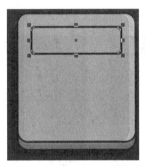

图3-191　　　　　　图3-192

13 选择"文本"工具，在适当的位置输入需要的文字，选择"选择"工具，在属性栏中选取适当的字体并设置文字大小，效果如图3-193所示。设置颜色的RGB值为143、203、224，填充文字，效果如图3-194所示。选择"形状"工具，向右拖曳文字下方的‖图标，调整文字的间距，效果如图3-195所示。

图3-193　　　　　　图3-194　　　　　　图3-195

14 选择"选择"工具，按Ctrl+Q组合键，将文字转换为曲线，如图3-196所示。按Ctrl+K组合键，拆分曲线。在按住Shift键的同时，依次单击最后两个数字"8"中需要的笔画将其同时选中，如图3-197所示。设置颜色的RGB值为81、28、99，填充文字，效果如图3-198所示。

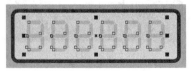

图3-196　　　　　　图3-197　　　　　　图3-198

15 选中文字下方的圆角矩形，按Ctrl+C组合键，复制图形，按Ctrl+V组合键，原位粘贴，效果如图3-199所示。填充图形为白色，并去除图形的轮廓线，效果如图3-200所示。向上拖曳圆角矩形下边中间的控制手柄到适当的位置，调整圆角矩形大小，效果如图3-201所示。

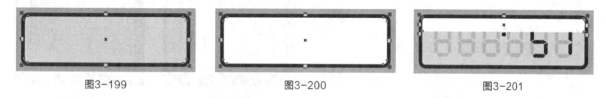

图3-199　　　　　　　　　　图3-200　　　　　　　　　　图3-201

16 保持圆角矩形的选中状态。在属性栏中设置"圆角半径"选项，如图3-202所示，按Enter键，效果如图3-203所示。

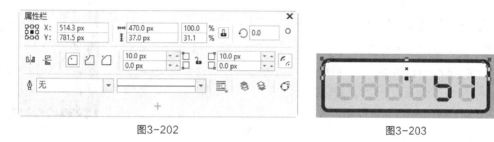

图3-202　　　　　　　　　　图3-203

17 选择"透明度"工具，在属性栏中单击"均匀透明度"按钮，其他选项的设置如图3-204所示，按Enter键，效果如图3-205所示。

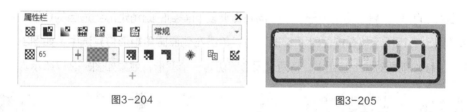

图3-204　　　　　　　　　　图3-205

2. 绘制计算器按钮

01 选择"矩形"工具，在适当的位置绘制一个矩形，如图3-206所示。在属性栏中将"圆角半径"选项均设为10px，按Enter键，效果如图3-207所示。

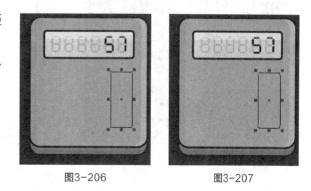

图3-206　　　　　　　　图3-207

02 按F12键，弹出"轮廓笔"对话框，在"颜色"选项中设置轮廓线颜色的RGB值为81、28、99，其他选项的设置如图3-208所示，单击"OK"按钮，效果如图3-209所示。设置颜色的RGB值为141、45、237，填充图形，效果如图3-210所示。

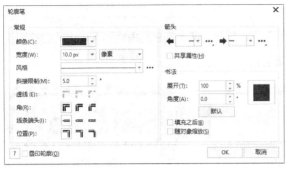

图3-208

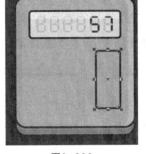

图3-209

图3-210

03 选择"阴影"工具▢，在属
性栏中的"预设列表"下拉列表
中选择"平面左下"选项，其他
选项的设置如图3-211所示；按
Enter键，效果如图3-212所示。

图3-211

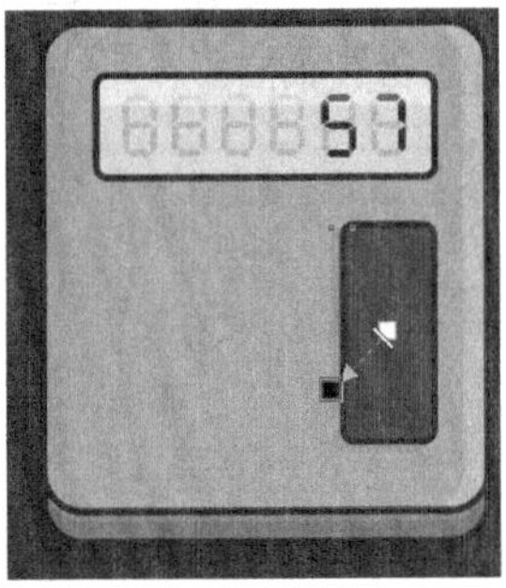

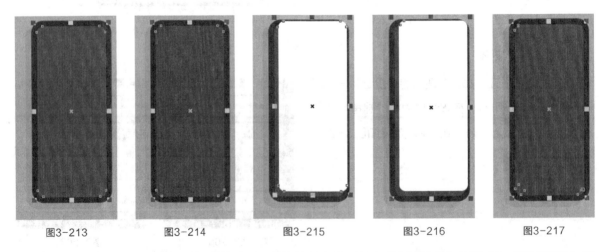

图3-212

04 选择"选择"工具▢，选中圆角矩形，按数字键盘上的+键，复制圆角矩形，如图3-213所示。设置颜
色的RGB值为122、24、219，填充图形，并去除图形的轮廓线，效果如图3-214所示。

05 按数字键盘上的+键，复制圆角矩形。水平向右微调复制得到的圆角矩形到适当的位置，并将其填充为
白色，效果如图3-215所示。在按住Shift键的同时，单击左侧原圆角矩形将其选中，如图3-216所示，单
击属性栏中的"移除前面对象"按钮▢，将两个图形剪切为一个图形，效果如图3-217所示。

图3-213　　　　　　图3-214　　　　　　图3-215　　　　　　图3-216　　　　　　图3-217

06 按数字键盘上的+键，复制剪切后的图形。在属性栏中分别单击"水平镜像"按钮▢和"垂直镜像"按
钮▢，翻转图形，效果如图3-218所示。填充图形为白色，效果如图3-219所示。

07 选择"形状"工具▢，编辑状态如图3-220所示，在适当的位置双击，添加4个节点，如图3-221
所示。

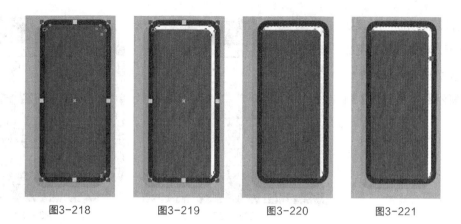

图3-218　　　　图3-219　　　　图3-220　　　　图3-221

08 在按住Shift键的同时，用圈选的方法将不需要的节点同时选中，如图3-222所示。按Delete键，删除选中的节点，如图3-223所示。在按住Ctrl键的同时，依次单击选中刚刚添加的4个节点，如图3-224所示。在属性栏中单击"转换为线条"按钮，将曲线段转换为直线段，如图3-225所示。选择"选择"工具，拖曳图形到适当的位置，效果如图3-226所示。

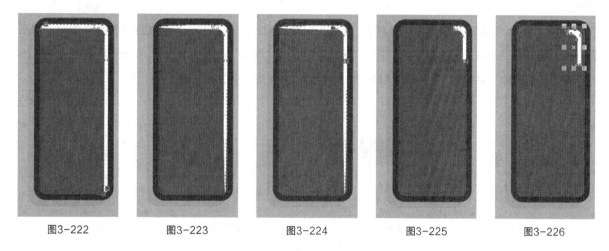

图3-222　　　　图3-223　　　　图3-224　　　　图3-225　　　　图3-226

09 选择"文本"工具，在适当的位置输入等号"="，选择"选择"工具，在属性栏中选取适当的字体并设置等号大小，效果如图3-227所示。设置颜色的RGB值为81、28、99，填充等号，效果如图3-228所示。用相同的方法分别制作"＋""－""×""÷"按钮，效果如图3-229所示。

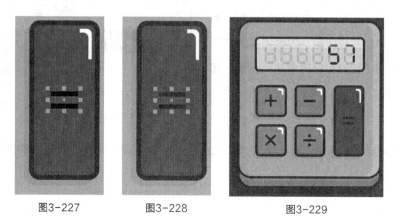

图3-227　　　　图3-228　　　　图3-229

10 计算器图标绘制完成，效果如
图3-230所示。将该图标应用在
手机中，会变为圆角遮罩图标，
呈现出圆角效果，如图3-231
所示。

图3-230　　　　　　　　　　　　图3-231

3.3.2 焊接

焊接是将几个对象结合成一个对象，新的对象轮廓由被焊接的对象边界组成，被焊接对象的交叉线都会
消失。

使用"选择"工具选中要焊接的对象，如图3-232所示。选择"窗口 > 泊坞窗 > 形状"命令，弹出
图3-233所示的"形状"泊坞窗。在"形状"泊坞窗中选择"焊接"选项，再单击"焊接到"按钮，将鼠标
指针移到目标对象上并单击，如图3-234所示。焊接后的效果如图3-235所示。

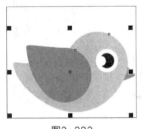

图3-232　　　　　　　图3-233　　　　　　　图3-234　　　　　　　图3-235

在进行焊接操作之前，可以在"形状"泊坞
窗中设置"保留原始源对象"和"保留原目标对
象"。勾选"保留原始源对象"和"保留原目标对
象"复选框，如图3-236所示。在焊接对象时，原
始源对象和原目标对象都被保留，效果如图3-237
所示。保留原始源对象和原目标对象对"修剪"和
"相交"功能也适用。

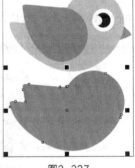

图3-236　　　　　　　　　图3-237

选中要焊接的对象后，选择"对象 > 造型 > 合并"命令，或单击属性栏中的"焊接"按钮，可以完成
成对象的焊接。

3.3.3 修剪

修剪是将原目标对象与原始源对象的相交部分裁掉，使原目标对象的形状被更改。修剪后的原目标对象保留其填充和轮廓属性。

使用"选择"工具 ▐ 选中原始源对象，如图3-238所示。在"形状"泊坞窗中选择"修剪"选项，如图3-239所示。单击"修剪"按钮，将鼠标指针移到原目标对象上并单击，如图3-240所示。修剪后的效果如图3-241所示。

选择"对象 > 造型 > 修剪"命令，或单击属性栏中的"修剪"按钮 ▣ ，也可以完成修剪，原始源对象和被修剪的原目标对象会同时存在于绘图页面中。

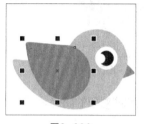

图3-238

图3-239

图3-240

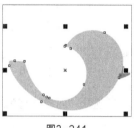

图3-241

提示 圈选多个对象时，最底层的对象是原目标对象。按住Shift键，选择多个对象时，最后选中的对象是原目标对象。

3.3.4 相交

相交是将两个或两个以上对象的相交部分保留，使相交的部分成为一个新的对象。新对象的填充和轮廓属性与原目标对象相同。

使用"选择"工具 ▐ 选择原始源对象，如图3-242所示。在"形状"泊坞窗中选择"相交"选项，如图3-243所示。单击"相交对象"按钮，将鼠标指针移到原目标对象上并单击，如图3-244所示。相交后的效果如图3-245所示。

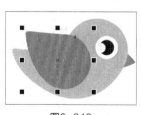

图3-242

图3-243

图3-244

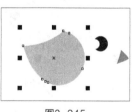

图3-245

选择"对象 > 造型 > 相交"命令，或单击属性栏中的"相交"按钮 ▣ ，也可以完成相交。原始源对象、原目标对象，以及相交后的新对象将同时存在于绘图页面中。

3.3.5 简化

简化是减去后面图形中和前面图形的重叠部分，并保留前面图形和后面图形状态的操作。

使用"选择"工具选中两个相交的对象，如图3-246所示。在"形状"泊坞窗中选择"简化"选项，如图3-247所示。单击"应用"按钮，对象的简化效果如图3-248所示。

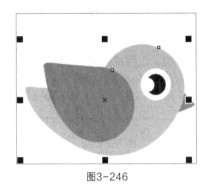
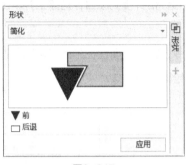

图3-246   图3-247   图3-248

选择"对象 > 造型 > 简化"命令，或单击属性栏中的"简化"按钮，也可以完成对象的简化。

3.3.6 移除后面对象

移除后面对象会减去后面图形，减去前后图形的重叠部分，并保留前面图形的剩余部分。

使用"选择"工具选中两个相交的对象，如图3-249所示。在"形状"泊坞窗中选择"移除后面对象"选项，如图3-250所示。单击"应用"按钮，移除后面对象，效果如图3-251所示。

图3-249   图3-250   图3-251

选择"对象 > 造型 > 移除后面对象"命令，或单击属性栏中的"移除后面对象"按钮，也可以完成移除后面对象的操作。

3.3.7 移除前面对象

移除前面对象会减去前面对象以及前后对象的重叠部分，并保留后面对象的剩余部分。

使用"选择"工具 选中两个相交的对象，如图3-252所示。在"形状"泊坞窗中选择"移除前面对象"选项，如图3-253所示。单击"应用"按钮，移除前面对象，效果如图3-254所示。

选择"对象 > 造型 > 移除前面对象"命令，或单击属性栏中的"移除前面对象"按钮 ，也可以完成移除前面对象的操作。

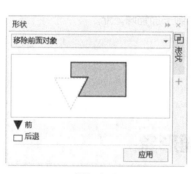

图3-252　　　　　　　　　　　　图3-253　　　　　　　　　　　　图3-254

3.3.8 边界

边界是可以创建一个围绕着所选对象的新对象。

使用"选择"工具 选中要创建边界的对象，如图3-255所示。在"形状"泊坞窗中选择"边界"选项，如图3-256所示。单击"应用"按钮，效果如图3-257所示。

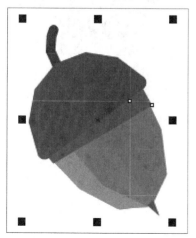

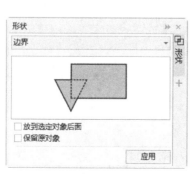
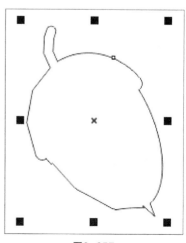

图3-255　　　　　　　　　　　　图3-256　　　　　　　　　　　　图3-257

选择"对象 > 造型 > 边界"命令，或单击属性栏中的"创建边界"按钮▣，也可以完成图形共同边界的创建。

课堂练习——绘制卡通猫咪

练习知识要点 使用"椭圆形"工具、"矩形"工具、"3点矩形"工具、"移除前面对象"按钮、"合并"按钮和"贝塞尔"工具绘制猫咪头部；使用"3点椭圆形"工具、"移除前面对象"按钮、"折线"工具和"形状"工具绘制猫咪五官、腿和尾巴。效果如图3-258所示。

效果所在位置 学习资源\Ch03\效果\绘制卡通猫咪.cdr。

图3-258

课后习题——绘制卡通形象

习题知识要点 使用"椭圆形"工具、"转换为曲线"按钮和"形状"工具绘制并编辑图形；使用"椭圆形"工具、"矩形"工具、"贝塞尔"工具和"置于图文框内部"命令绘制眼睛、嘴巴及身体部分。效果如图3-259所示。

效果所在位置 学习资源\Ch03\效果\绘制卡通形象.cdr。

图3-259

第 4 章

编辑轮廓线与填充颜色

本章介绍

在CorelDRAW 2020中，绘制图形时需要先绘制出该图形的轮廓线，并按需求对轮廓线进行编辑。编辑完成后，就可以使用色彩进行渲染。在优秀的设计作品中，色彩的运用非常重要。通过学习本章内容，读者可以制作出不同效果的图形轮廓线，了解并掌握颜色的各种填充方式和填充技巧。

学习目标

● 熟练掌握"轮廓笔"工具的使用方法和均匀填充的方法。

● 掌握渐变填充和图样填充的操作方法。

● 了解其他填充。

技能目标

● 掌握"送餐车图标"的绘制方法。

● 掌握"卡通小狐狸"的绘制方法。

● 掌握"水果图标"的绘制方法。

4.1 编辑轮廓线和均匀填充

CorelDRAW 2020提供了丰富的轮廓线编辑和填充功能，使用这些功能可以制作出精美的轮廓线和填充效果。下面具体介绍编辑轮廓线和均匀填充的方法和技巧。

4.1.1 课堂案例——绘制送餐车图标

案例学习目标 学习使用图形绘制工具、"轮廓笔"工具、编辑样式按钮和填充工具绘制送餐车图标。

案例知识要点 使用图形绘制工具、"合并"按钮、"形状"工具、"移除前面对象"按钮和"轮廓笔"工具绘制车身和车轮；使用"手绘"工具、"编辑样式"按钮、"矩形"工具绘制车头和车灯。送餐车图标效果如图4-1所示。

效果所在位置 学习资源\Ch04\效果\绘制送餐车图标.cdr。

图4-1

01 按Ctrl+N组合键，弹出"创建新文档"对话框，设置文档的宽度为1024px，高度为1024px，方向为纵向，色彩模式为RGB，分辨率为72dpi，单击"OK"按钮，创建一个文档。

02 选择"矩形"工具□，在页面中绘制两个矩形，如图4-2所示。选择"选择"工具▶，用圈选的方法将绘制的矩形同时选中，单击属性栏中的"合并"按钮□，合并图形，效果如图4-3所示。

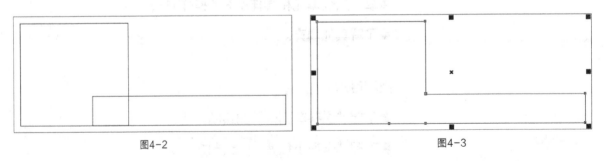

图4-2   图4-3

03 选择"形状"工具⬚，选中并向左拖曳图形左下角的节点到适当位置，效果如图4-4所示。选择"选择"工具▶，设置颜色的RGB值为230、34、41，填充图形，效果如图4-5所示。

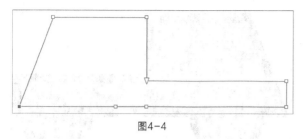

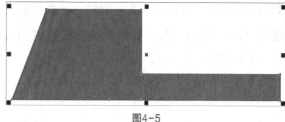

图4-4 　　　　　　　　　　　　　　　　　　　　　　图4-5

04 按F12键，弹出"轮廓笔"对话框，在"颜色"选项中设置轮廓线颜色为黑色，其他选项的设置如图4-6所示，单击"OK"按钮，效果如图4-7所示。

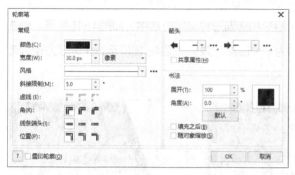

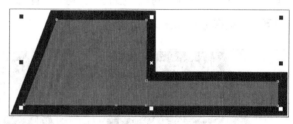

图4-6 　　　　　　　　　　　　　　　　　　　　　　图4-7

05 选择"椭圆形"工具○，在按住Ctrl键的同时，在适当的位置绘制一个圆形，如图4-8所示。选择"属性滴管"工具✐，将鼠标指针放置在红色图形上，鼠标指针变为✐图标，如图4-9所示。在红色图形上单击吸取其属性，鼠标指针变为◈图标，在圆形上单击，填充圆形，效果如图4-10所示。

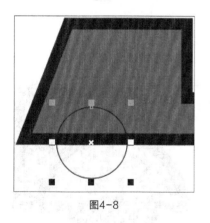

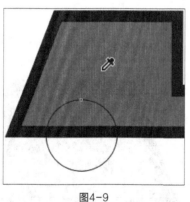

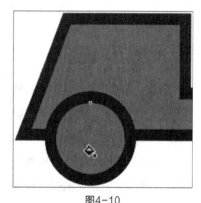

图4-8 　　　　　　　　　　　图4-9 　　　　　　　　　　　图4-10

06 选择"选择"工具▸，选中圆形，在RGB调色板中的"70%黑"色块上单击，填充圆形，效果如图4-11所示。按Ctrl+PageDown组合键，将圆形向后移一层，效果如图4-12所示。

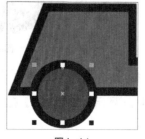

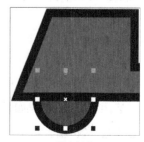

图4-11 　　　　　　　　图4-12

07 按数字键盘上的+键，复制圆形。在按住Shift
键的同时，水平向右拖曳复制得到的圆形到适当位
置，效果如图4-13所示。

图4-13

08 分别选择"椭圆形"工具○和"矩形"工具□，在适当的位置绘制一个椭圆形和一个矩形，如图4-14所
示。选择"选择"工具◄，在按住Shift键的同时，单击矩形和椭圆形将其同时选中，如图4-15所示。单击
属性栏中的"移除前面对象"按钮◙，将两个图形剪切为一个图形，效果如图4-16所示。（为了方便读者
观看，这里将两个图形以黄色显示。）

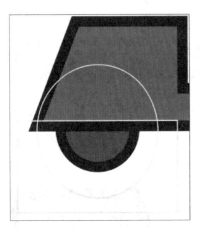

图4-14

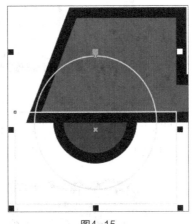

图4-15

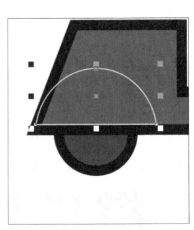

图4-16

09 选择"属性滴管"工具✐，将
鼠标指针放置在红色图形上，鼠
标指针变为✐图标，如图4-17所
示。在红色图形上单击吸取其属
性，鼠标指针变为◇图标，在需
要的图形上单击，填充图形，效
果如图4-18所示。

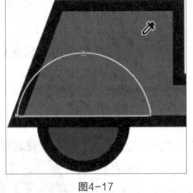

图4-17

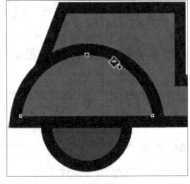

图4-18

10 选择"选择"工具◄，按Alt+F9组合键，弹出"变换"泊坞窗，相关选项的设置如图4-19所示，单击
"应用"按钮，效果如图4-20所示。复制图形。在按住Shift键的同时，水平向右拖曳复制得到的图形到适
当位置，效果如图4-21所示。

图4-19

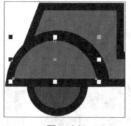

图4-20

图4-21

11 选择"手绘"工具 ，在按住Ctrl键的同时，在适当的位置绘制一条直线，并在属性栏的"轮廓宽度" ⌷ 1.0 px ▾ 中设置数值为30px，按Enter键，效果如图4-22所示。

12 选择"选择"工具 ▶，按数字键盘上的+键，复制直线。在按住Shift键的同时，垂直向下拖曳复制得到的直线到适当位置，效果如图4-23所示。不松开Shift键，向右拖曳下方直线末端中间的控制手柄到适当位置，调整直线长度，效果如图4-24所示。

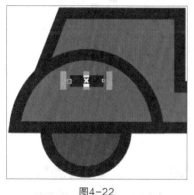

图4-22

图4-23

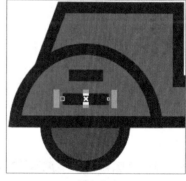

图4-24

13 选中需要的直线，如图4-25所示，按数字键盘上的+键，复制直线。向右拖曳复制得到的直线到适当位置，效果如图4-26所示。

图4-25

图4-26

14 选择"矩形"工具 □，在适当的位置绘制一个矩形，如图4-27所示。单击属性栏中的"转换为曲线"按钮 ⌀，将矩形转换为曲线，如图4-28所示。选择"形状"工具 ▶，选中并向左拖曳曲线右上方的节点到适当位置，效果如图4-29所示。

15 选择"选择"工具 ▶，设置颜色的RGB值为230、34、41，填充图形，并去除图形的轮廓线，效果如图4-30所示。按Shift+PageDown组合键，将图形移至最后面，效果如图4-31所示。

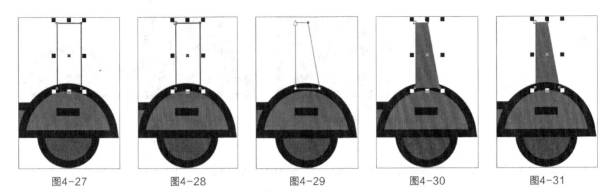

图4-27　　　　图4-28　　　　图4-29　　　　图4-30　　　　图4-31

16 选择"手绘"工具 ✎，在适当的位置绘制一条斜线，如图4-32所示。并在属性栏的"轮廓宽度" ✎ `1.0 px` 中设置数值为30px，按Enter键，效果如图4-33所示。在按住Ctrl键的同时，使用"手绘"工具 ✎ 在适当的位置绘制一条竖线，如图4-34所示。

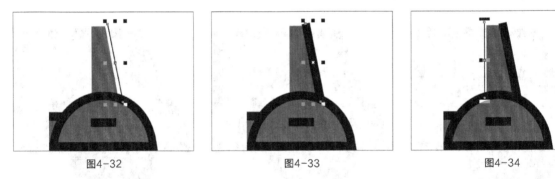

图4-32　　　　　　　图4-33　　　　　　　图4-34

17 按F12键，弹出"轮廓笔"对话框，在"风格"选项中单击"设置"按钮 ···，弹出"编辑线条样式"对话框，选项的设置如图4-35所示，单击"添加"按钮。返回到"轮廓笔"对话框，其他选项的设置如图4-36所示，单击"OK"按钮，效果如图4-37所示。

图4-35　　　　　　　图4-36　　　　　　　图4-37

18 选择"矩形"工具 □，在适当的位置绘制一个矩形，如图4-38所示。选择"属性滴管"工具 ✎，将鼠标指针放置在下方红色图形上，鼠标指针变为 ✎ 图标，如图4-39所示。在红色图形上单击吸取其属性，鼠标指针变为 ◇ 图标，在矩形上单击，填充矩形，效果如图4-40所示。

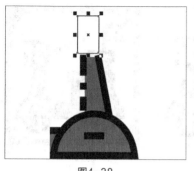
图4-38

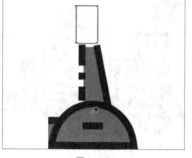
图4-39

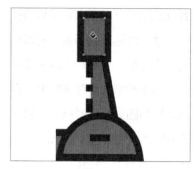
图4-40

19 选择"选择"工具 ![icon]，按数字键盘上的+键，复制矩形。在按住Shift键的同时，水平向右拖曳复制得到的矩形到适当位置，效果如图4-41所示。向左拖曳复制得到的矩形右侧中间的控制手柄到适当位置，调整其大小，效果如图4-42所示。填充矩形为白色，效果如图4-43所示。

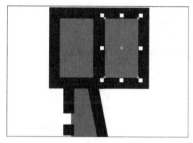
图4-41

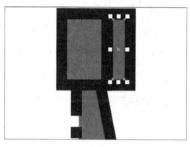
图4-42

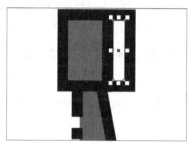
图4-43

20 选中左侧红色矩形，在属性栏中设置"圆角半径"选项，如图4-44所示，按Enter键，效果如图4-45所示。

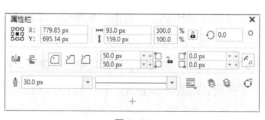
图4-44

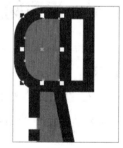
图4-45

21 选择"手绘"工具 ![icon]，在按住Ctrl键的同时，在适当的位置绘制一条直线，如图4-46所示。按F12键，弹出"轮廓笔"对话框，在"线条端头"选项中单击"圆形端头"按钮 ![icon]，其他选项的设置如图4-47所示，单击"OK"按钮，效果如图4-48所示。

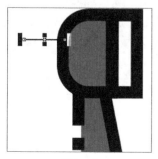
图4-46

图4-47

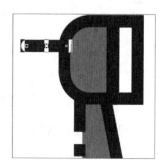
图4-48

087

22 用相同的方法绘制出坐垫和餐箱，效果如图4-49所示。送餐车图标绘制完成，效果如图4-50所示。将该图标应用在手机中，会自动变为圆角遮罩图标，呈现出圆角效果，如图4-51所示。

图4-49

图4-50

图4-51

4.1.2 使用轮廓笔工具

选择"轮廓笔"工具，展开"轮廓"工具的拓展工具栏，如图4-52所示。

使用拓展工具栏中的"轮廓笔"工具，可以编辑图形的轮廓线；使用"轮廓颜色"工具可以编辑图形的轮廓线颜色；中间的11个选项用于设置图形的轮廓宽度，分别是"无轮廓""细线轮廓""0.1mm""0.2mm""0.25mm""0.5mm""0.75mm""1mm""1.5mm""2mm""2.5mm"；使用"颜色"工具，可以打开"Color"泊坞窗，在其中可对图形的轮廓线颜色进行编辑。

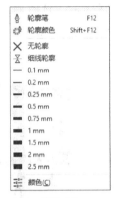

图4-52

4.1.3 设置轮廓线的颜色

绘制一个图形，并使图形处于选中状态，选择"轮廓笔"工具，弹出"轮廓笔"对话框，如图4-53所示。

在"轮廓笔"对话框中，"颜色"选项用于设置轮廓线的颜色。在CorelDRAW 2020的默认状态下，轮廓线为黑色。"颜色"下拉列表如图4-54所示，在"颜色"下拉列表中可以选择自己需要的颜色。

图4-53

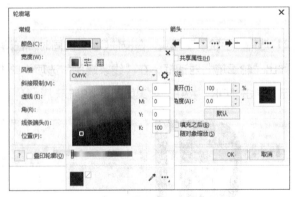

图4-54

设置好需要的颜色后，单击"OK"按钮，可以改变轮廓线的颜色。

4.1.4 设置轮廓线的粗细及样式

在"轮廓笔"对话框中，"宽度"选项用于设置轮廓线的宽度和宽度的度量单位。在"宽度"选项第一个下拉按钮上单击，弹出下拉列表，在下拉列表中可以选择宽度数值，如图4-55所示，也可以在数值框中直接输入宽度数值。在"宽度"选项第二个下拉按钮上单击，弹出下拉列表，在下拉列表中可以选择宽度的度量单位，如图4-56所示。在"风格"选项右侧的下拉按钮上单击，弹出下拉列表，在下拉列表中可以选择轮廓线的样式，如图4-57所示。

图4-55

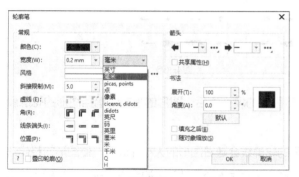

图4-56

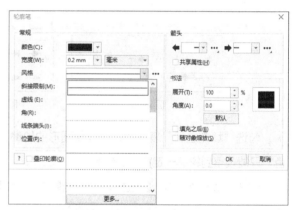

图4-57

4.1.5 设置轮廓线角的样式及端头样式

在"轮廓笔"对话框中，"角"选项用于设置轮廓线角的样式，如图4-58所示。"角"选项提供了3种轮廓线角的样式，它们分别是斜接角、圆角和斜切角。

可以适当将轮廓线的宽度增加，因为较细的轮廓线在设置拐角后效果不明显。3种轮廓线角的效果如图4-59所示。

在"轮廓笔"对话框中，"线条端头"选项用于设置线条端头的样式，如图4-60所示。该选项提供的3种线条端头样式分别是方形端头、圆形端头和延伸方形端头，3种端头样式的效果如图4-61所示。

图4-58

图4-59

图4-60

图4-61

在"轮廓笔"对话框中，"位置"选项用于设置轮廓位置的样式，如图4-62所示。该选项提供的3种样式分别是外部轮廓、居中的轮廓和内部轮廓，3种轮廓位置样式的效果如图4-63所示。

图4-62   图4-63

在"轮廓笔"对话框的"箭头"设置区中可以设置线条两端的箭头样式，如图4-64所示。"箭头"设置区提供了两个样式框，左侧"起始箭头"样式框 用来设置箭头样式，单击样式框的下拉按钮，弹出"箭头样式"下拉列表，如图4-65所示。右侧"终止箭头"样式框 用来设置箭尾样式，单击样式框的下拉按钮，弹出"箭尾样式"下拉列表，如图4-66所示。

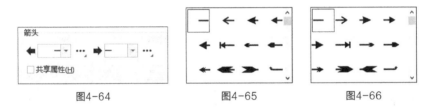

图4-64   图4-65   图4-66

勾选"填充之后"复选框，可以将图形的轮廓置于图形的填充之后。图形的填充会遮挡图形的轮廓颜色，只能观察到轮廓一定宽度的颜色。

勾选"随对象缩放"复选框，在缩放图形时，图形的轮廓线会随着图形的大小而改变，使图形的整体效果保持不变。如果不勾选此复选框，在缩放图形时，图形的轮廓线不会随着图形的大小而改变，轮廓线和填充不会保持原图形的效果，图形的整体效果也就会被破坏。

4.1.6 使用调色板填充颜色

调色板是为图形填充颜色的最快途径。单击调色板中的颜色，可以把该颜色快速填充到选中的图形中。CorelDRAW 2020提供了多种调色板，选择"窗口 > 调色板>调色板"命令，打开可供选择的多种调色板。CorelDRAW 2020在默认状态下使用的是CMYK调色板。

调色板一般在屏幕的右侧，使用"选择"工具 选中屏幕右侧的条形调色板，如图4-67所示，按住鼠标左键拖曳条形调色板到屏幕中间，拖曳条形调色板的边框，变化后的调色板如图4-68所示。

选中要填充的图形，如图4-69所示。在调色板中单击需要的颜色，如图4-70所示，图形的内部即被该颜色填充，如图4-71所示。单击调色板中的"无填充"按钮 ，可取消对图形内部的颜色填充。

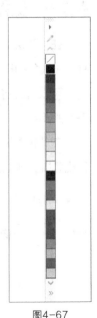

图4-67

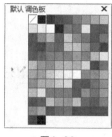

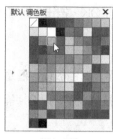

图4-68   图4-69   图4-70   图4-71

选中需要填充的图形，如图
4-72所示。在调色板中的颜色上
单击鼠标右键，如图4-73所示，
图形的轮廓线即被该颜色填充。
设置适当的轮廓宽度，效果如图
4-74所示。

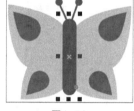

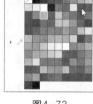

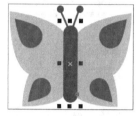

图4-72   图4-73   图4-74

> **提示** 按住鼠标左键不放将调色板中的色块拖曳到图形上，松开鼠标左键，也可填充图形。

4.1.7 均匀填充对话框

按Shift+F11组合键，弹出"编辑填充"对话框，可以在对话框中设置需要的颜色。对话框中两种设置
颜色的方式分别为颜色查看器和调色板。

1. 颜色查看器

颜色查看器设置框如图4-75所示，其中提供了完整的色谱。操作颜色关联控件可更改颜色，也可以通
过在颜色模式的各参数值框中设置数值以获取需要的颜色。在颜色查看器设置框中，还可以选择不同的颜色
模式，"色彩模型"默认是CMYK模式，如图4-76所示。

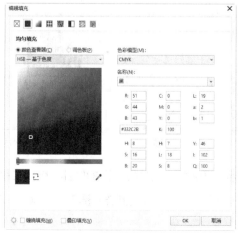

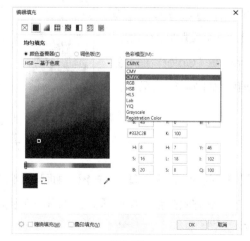

图4-75   图4-76

设置好需要的颜色后，单击"OK"按钮，即可将需要的颜色填充到图形中。

2. 调色板

调色板设置框如图4-77所示，调色板设置框是通过CorelDRAW 2020中已有颜色库中的颜色来填充图形的，在"调色板"选项的下拉列表中可以选择需要的颜色库，如图4-78所示。

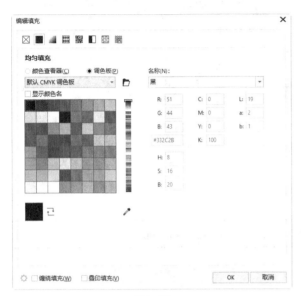

图4-77

图4-78

在调色板中的颜色上单击就可以选中需要的颜色。勾选"显示颜色名"复选框，可以显示颜色库中的颜色名称。设置好需要的颜色后，单击"OK"按钮，即可将需要的颜色填充到图形中。

4.1.8 使用"Color"泊坞窗填充

"Color"泊坞窗是为图形填充颜色的辅助工具，特别适合在实际工作中使用。

选择"颜色"工具，弹出"Color"泊坞窗，如图4-79所示。绘制一个笑脸图形，如图4-80所示。在"Color"泊坞窗中设置颜色，如图4-81所示。

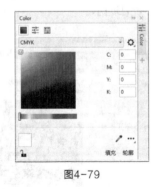

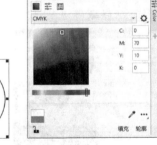

图4-79　　　　　　图4-80　　　　　图4-81

设置好颜色后，单击"填充"按钮，如图4-82所示，颜色填充到笑脸图形的内部，效果如图4-83所示。也可在设置好颜色后，单击"轮廓"按钮，如图4-84所示，填充颜色到笑脸图形的轮廓线，效果如图4-85所示。

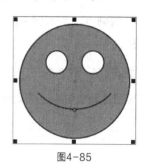

| 图4-82 | 图4-83 | 图4-84 | 图4-85 |

"Color"泊坞窗左上角的3个按钮■、≡、▦分别是"显示颜色查看器""显示颜色滑块""显示调色板"。单击这3个按钮可以选择不同的设置颜色的方式，如图4-86所示。

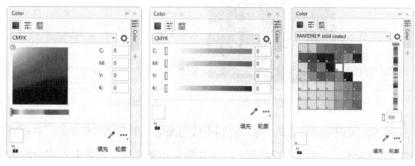

图4-86

4.2　渐变填充和图样填充

　　渐变填充和图样填充都是非常实用的功能，在设计制作中经常使用。在CorelDRAW 2020中，渐变填充提供了线性、椭圆形、圆锥形和矩形4种渐变形式，使用这些渐变形式可以绘制出多种渐变颜色效果。图样填充是将预设图案以平铺的方法填充到图形中。下面将介绍使用渐变填充和图样填充的方法和技巧。

4.2.1　课堂案例——绘制卡通小狐狸

案例学习目标　学习使用图形绘制工具、渐变工具和"形状"泊坞窗绘制卡通小狐狸。

案例知识要点　使用"椭圆形"工具、"贝塞尔"工具、"合并"按钮绘制耳朵；使用"椭圆形"工具、"矩形"工具、"星形"工具和"移除前面对象"按钮绘制脸部和身体；使用"矩形"工具、"圆角半径"选项、"造型"命令和渐变工具绘制尾巴。卡通小狐狸效果如图4-87所示。

效果所在位置　学习资源\Ch04\效果\绘制卡通小狐狸.cdr。

图4-87

01 按Ctrl+N组合键，新建一个A4页面。双击"矩形"工具按钮□，绘制一个与页面大小相等的矩形，如图4-88所示。设置颜色的CMYK值为70、71、75、37，填充图形，并去除图形的轮廓线，效果如图4-89所示。

02 选择"椭圆形"工具○，在页面外绘制一个椭圆形，如图4-90所示。选择"贝塞尔"工具，在适当的位置绘制一个不规则图形，如图4-91所示。

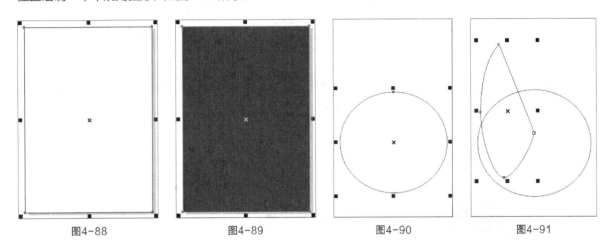

| 图4-88 | 图4-89 | 图4-90 | 图4-91 |

03 选择"选择"工具，按数字键盘上的+键，复制不规则图形。单击属性栏中的"水平镜像"按钮，水平翻转复制得到的不规则图形，如图4-92所示。在按住Shift键的同时，水平向右拖曳翻转得到的图形到适当位置，效果如图4-93所示。

04 选择"选择"工具，用圈选的方法将绘制的图形同时选中，如图4-94所示，单击属性栏中的"合并"按钮，合并图形，效果如图4-95所示。

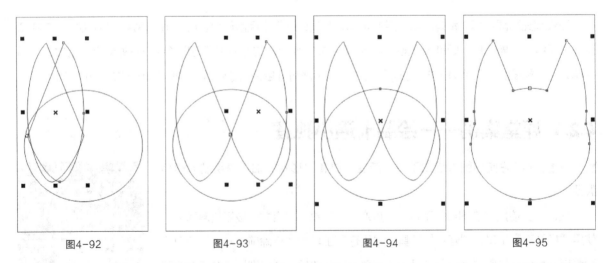

| 图4-92 | 图4-93 | 图4-94 | 图4-95 |

05 按F11键，弹出"编辑填充"对话框，单击"渐变填充"按钮，将起点颜色的CMYK值设为0、61、99、0，终点颜色的CMYK值设为13、69、100、0，其他选项的设置如图4-96所示。单击"OK"按钮，填充图形，并去除图形的轮廓线，效果如图4-97所示。

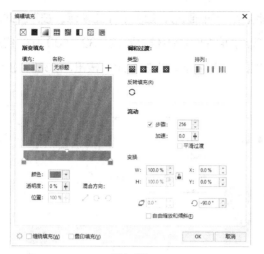

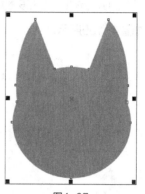

图4-96　　　　　　　　　　　　　　　　　　　　图4-97

06 选择"贝塞尔"工具，在适当的位置绘制一个不规则图形，如图4-98所示。按F11键，弹出"编辑填充"对话框，单击"渐变填充"按钮，将起点颜色的CMYK值设为12、82、100、0，终点颜色的CMYK值设为0、61、100、0，其他选项的设置如图4-99所示。单击"OK"按钮，填充不规则图形，并去除不规则图形的轮廓线，效果如图4-100所示。

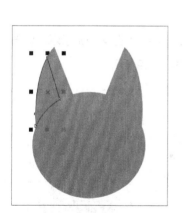

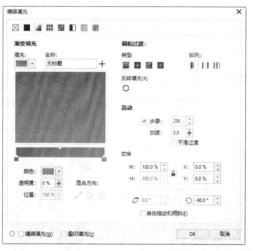

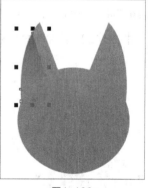

图4-98　　　　　　　　　　　　图4-99　　　　　　　　　　　　　　图4-100

07 选择"选择"工具，按数字键盘上的+键，复制不规则图形。单击属性栏中的"水平镜像"按钮，水平翻转复制得到的不规则图形，如图4-101所示。在按住Shift键的同时，水平向右拖曳翻转得到的图形到适当位置，效果如图4-102所示。

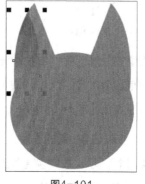

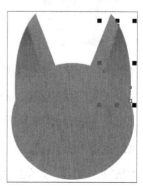

图4-101　　　　　　　　　　　图4-102

08 选择"椭圆形"工具◯，在适当的位置绘制一个椭圆形，如图4-103所示。按F11键，弹出"编辑填充"对话框，单击"渐变填充"按钮▣，将起点颜色的CMYK值设为12、82、100、0，终点颜色的CMYK值设为11、62、93、0，其他选项的设置如图4-104所示。单击"OK"按钮，填充椭圆形，并去除椭圆形的轮廓线，效果如图4-105所示。

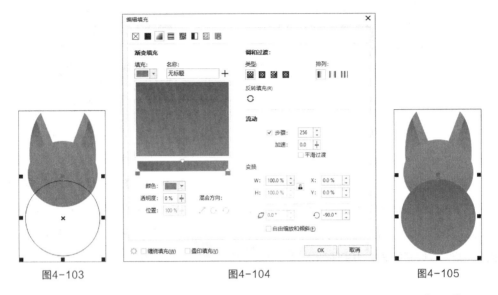

图4-103   图4-104   图4-105

09 选择"椭圆形"工具◯，在适当的位置绘制一个椭圆形，如图4-106所示。选择"矩形"工具▢，在适当的位置绘制一个矩形，如图4-107所示。

10 选择"选择"工具▸，在按住Shift键的同时，单击椭圆形与矩形将其同时选中，如图4-108所示。单击属性栏中的"移除前面对象"按钮▣，将两个图形剪切为一个图形，效果如图4-109所示。

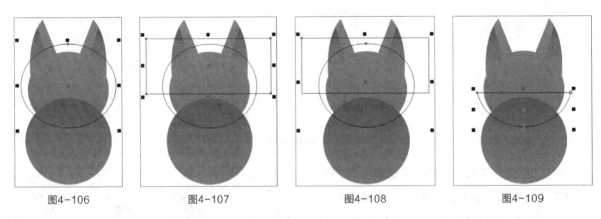

图4-106   图4-107   图4-108   图4-109

11 按F11键，弹出"编辑填充"对话框，单击"渐变填充"按钮▣，将起点颜色的CMYK值设为0、0、0、20，终点颜色的CMYK值设为0、0、0、0，其他选项的设置如图4-110所示。单击"OK"按钮，填充图形，并去除图形的轮廓线，效果如图4-111所示。

12 选择"椭圆形"工具◯，在按住Ctrl键的同时，在适当的位置绘制一个圆形，填充圆形为黑色，并去除圆形的轮廓线，效果如图4-112所示。按数字键盘上的+键，复制圆形。选择"选择"工具▸，在按住Shift键的同时，水平向右拖曳复制得到的圆形到适当位置，效果如图4-113所示。

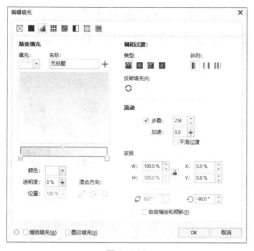

图4-110

图4-111

图4-112

图4-113

13 选择"星形"工具☆，属性栏中的设置如图4-114所示。在适当的位置绘制一个三角形，如图4-115所示。

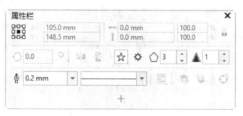

图4-114

图4-115

14 选择"星形"工具☆，属性栏中的设置如图4-116所示。在适当的位置绘制一个多角星形，如图4-117所示。

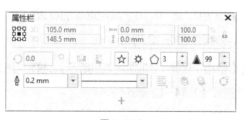

图4-116

图4-117

15 按F12键，弹出"轮廓笔"对话框，在"颜色"选项中设置轮廓线颜色为黑色，其他选项的设置如图4-118所示。单击"OK"按钮，效果如图4-119所示。

图4-118

图4-119

16 选择"矩形"工具□，在适当的位置绘制一个矩形，如图4-120所示。在属性栏中设置"圆角半径"选项，如图4-121所示，按Enter键，效果如图4-122所示。按Ctrl+C组合键，复制该图形（此图形作为备用）。

图4-120

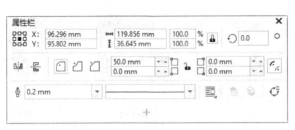

图4-121

图4-122

17 单击属性栏中的"转换为曲线"按钮◐，将图形转换为曲线，如图4-123所示。选择"形状"工具◐，用圈选的方法选中曲线右侧的节点，如图4-124所示，向左拖曳选中的节点到适当位置，效果如图4-125所示。

图4-123

图4-124

图4-125

18 按F11键，弹出"编辑填充"对话框，单击"渐变填充"按钮◢，将起点颜色的CMYK值设为0、0、0、20，终点颜色的CMYK值设为0、0、0、0，其他选项的设置如图4-126所示。单击"OK"按钮，填充图形，并去除图形的轮廓线，效果如图4-127所示。

19 按Ctrl+V组合键，粘贴（备用）图形，如图4-128所示。选择"选择"工具◐，选中中间渐变椭圆形，按数字键盘上的+键，复制图形，如图4-129所示。

图4-126

图4-127

图4-128

图4-129

20 选择"窗口 > 泊坞窗 > 形状"命令，在弹出的"形状"泊坞窗中选择"相交"选项，如图4-130所示。单击"相交对象"按钮，将鼠标指针放置到需要的图形上，如图4-131所示，单击后的效果如图4-132所示。

图4-130

图4-131

图4-132

21 按F11键，弹出"编辑填充"对话框，单击"渐变填充"按钮■，将起点颜色的CMYK值设为0、61、100、0，终点颜色的CMYK值设为16、71、100、0，其他选项的设置如图4-133所示。单击"OK"按钮，填充图形，并去除图形的轮廓线，效果如图4-134所示。

22 选择"选择"工具▶，用圈选的方法将绘制的图形全部选中，按Ctrl+G组合键，将其设为群组图形，拖曳群组图形到页面中适当的位置，效果如图4-135所示。

23 选择"文本"工具字，在适当的位置输入需要的文字；选择"选择"工具▶，在属性栏中选取适当的字体并设置文字大小，填充文字为白色，效果如图4-136所示。卡通小狐狸绘制完成。

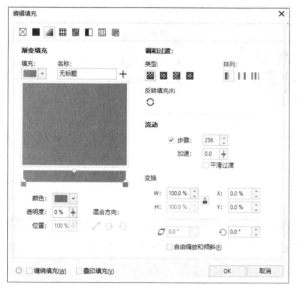
图4-133

图4-134

图4-135

图4-136

4.2.2 使用属性栏进行填充

绘制一个图形，如图4-137所示。选择"交互式填充"工具◈，在属性栏中单击"渐变填充"按钮■，如图4-138所示，效果如图4-139所示。

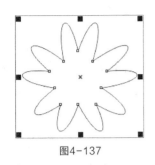
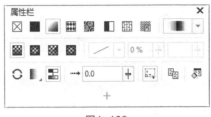
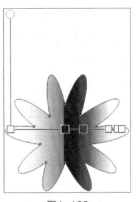

图4-137　　　　　　　　　图4-138　　　　　　　　　图4-139

单击属性栏中的其他按钮 ▦ ▦ ▦ ▦ ，可以选择不同的渐变填充类型，"椭圆形填充""圆锥形填充""矩形填充"的效果如图4-140所示。

属性栏中的"节点颜色" ━ 用于设置选中渐变节点的颜色，"节点透明度" 0% 用于设置选中渐变节点的透明度，"加速" → 0.0 ┼ 用于设置从一个颜色到另外一个颜色的渐变速度。

"椭圆形渐变填充" ▦　　　　　"圆锥形渐变填充" ▦　　　　　"矩形渐变填充" ▦

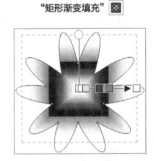

图4-140

4.2.3 使用工具进行填充

绘制一个图形，如图4-141所示。选择"交互式填充"工具 ，在起点按住鼠标左键并拖曳鼠标到适当的位置，松开鼠标左键，图形被填充预设的颜色，效果如图4-142所示。在拖曳鼠标的过程中可以控制渐变的角度、渐变的边缘宽度等渐变属性。

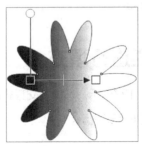

图4-141　　　　　　　　图4-142

拖曳起点颜色和终点颜色可以改变渐变的角度和边缘宽度。拖曳中间点颜色可以调整渐变颜色的分布。拖曳渐变虚线，可以控制渐变颜色与图形之间的相对位置。拖曳上方的圆圈图标可以调整渐变的倾斜角度。

4.2.4 使用"编辑填充"对话框进行填充

在"编辑填充"对话框中，"调和过渡"设置区提供了3种渐变填充的类型："默认渐变填充"、"重复和镜像"渐变填充和"重复"渐变填充。

1. 默认渐变填充

单击"默认渐变填充"按钮█，"编辑填充"对话框如图4-143所示。

在预览色带的起点颜色和终点颜色之间双击，预览色带上将产生一个三角形色标█，也就是会新增一个渐变颜色标记，如图4-144所示。"节点位置"位置: 24% + 选项中显示的百分数就是当前新增渐变颜色标记的位置。单击"节点颜色"颜色: ████▼ 选项右侧的下拉按钮▼，在弹出的下拉列表中设置需要的渐变颜色，预览色带上渐变颜色标记的颜色将改变为设置的颜色。"节点颜色"颜色: ████▼ 选项中显示的颜色就是当前渐变颜色标记的颜色。在对话框中设置好渐变颜色后，单击"OK"按钮，完成图形的渐变填充。

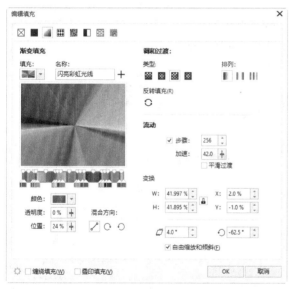

图4-143

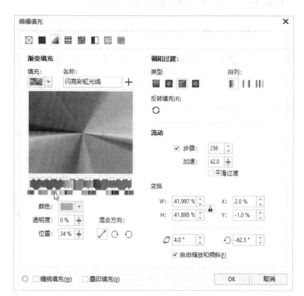

图4-144

2. 重复和镜像渐变填充

单击"重复和镜像"渐变填充按钮▥，"编辑填充"对话框如图4-145所示。再单击调色板中的颜色，可改变渐变填充终点的颜色。

3. 重复渐变填充

单击"重复"渐变填充按钮▥，"编辑填充"对话框如图4-146所示。

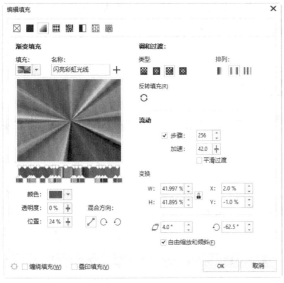

图4-145   图4-146

4.2.5 渐变填充的样式

绘制一个图形，如图4-147所示。在"编辑填充"对话框中单击"填充挑选器"选项 左侧的 ，在弹出的面板中包含了CorelDRAW 2020预设的一些渐变效果，如图4-148所示。

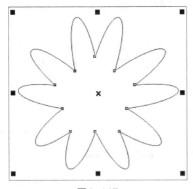

图4-147

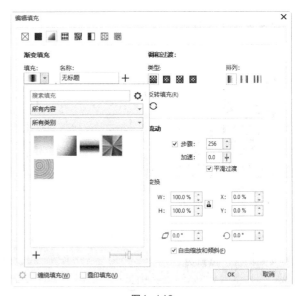

图4-148

选择一个预设的渐变效果，单击"OK"按钮，可以完成渐变填充。使用预设的渐变效果填充图形，效果如图4-149所示。

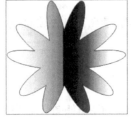

图4-149

4.2.6 图样填充

向量图样填充是由矢量图和线描式图像生成的。按F11键，在弹出的"编辑填充"对话框中单击"向量图样填充"按钮▦，如图4-150所示。

位图图样填充是用位图进行填充的。按F11键，在弹出的"编辑填充"对话框中单击"位图样填充"按钮▨，如图4-151所示。

双色图样填充是用由两种颜色构成的图案进行填充的，也就是通过设置前景色和背景色进行填充。按F11键，在弹出的"编辑填充"对话框中单击"双色图样填充"按钮▥，如图4-152所示。

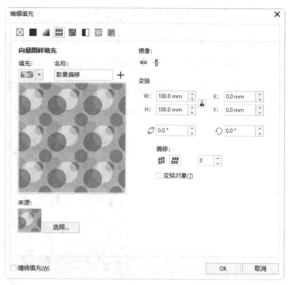

图4-150

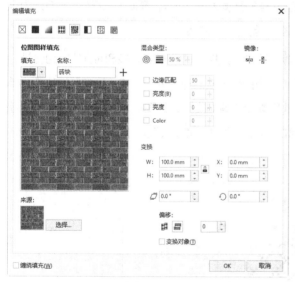

图4-151

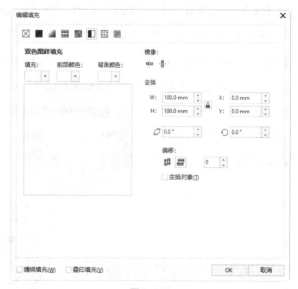

图4-152

4.3 其他填充

除均匀填充、渐变填充和图样填充外，常用的填充还包括底纹填充、网状填充等，这些填充可以使图形更加自然、多变。下面具体介绍这些填充的使用方法和技巧。

4.3.1 课堂案例——绘制水果图标

案例学习目标 学习使用图样填充按钮和"网状填充"工具绘制水果图标。

案例知识要点 使用"矩形"工具和"双色图样填充"按钮绘制背景；使用"椭圆形"工具、"多边形"工具、"形状"工具、"水平镜像"按钮、"合并"按钮和"轮廓笔"工具绘制水果；使用"3点椭圆形"工具、"网状填充"工具绘制高光。水果图标效果如图4-153所示。

效果所在位置 学习资源\Ch04\效果\绘制水果图标.cdr。

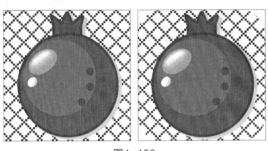

图4-153

01 按Ctrl+N组合键，弹出"创建新文档"对话框，设置文档的宽度为1024px，高度为1024px，方向为纵向，色彩模式为RGB，分辨率为72dpi，单击"OK"按钮，创建一个文档。

02 双击"矩形"工具按钮▢，绘制一个与页面大小相等的矩形，如图4-154所示。按Shift+F11组合键，弹出"编辑填充"对话框，单击"双色图样填充"按钮▣，切换到相应的对话框中，在"填充"选项下方单击预览框█ ·右侧的下拉按钮·，在弹出的下拉列表中选择需要的填充图案，如图4-155所示。返回到"编辑填充"对话框，其他选项的设置如图4-156所示。单击"OK"按钮，填充矩形，并去除矩形的轮廓线，效果如图4-157所示。

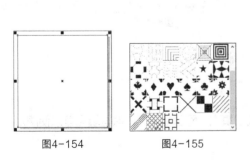

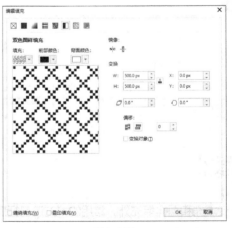

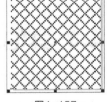

图4-154　　　　　　图4-155　　　　　　　　　　图4-156　　　　　　　　　　图4-157

03 选择"椭圆形"工具○，在按住Ctrl键的同时，在适当的位置绘制一个圆形，设置颜色的RGB值为215、36、36，填充图形，并去除图形的轮廓线，效果如图4-158所示。

04 按F12键，弹出"轮廓笔"对话框，在"颜色"选项中设置轮廓线颜色的RGB值为115、37、51，其他选项的设置如图4-159所示。单击"OK"按钮，效果如图4-160所示。

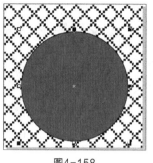
图4-158

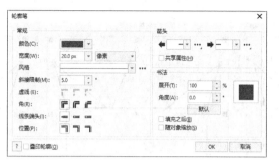
图4-159

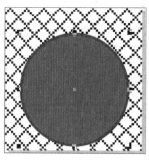
图4-160

05 选择"多边形"工具◎，属性栏中的设置如图4-161所示。在页面外绘制一个三角形，效果如图4-162所示。

06 选择"常见形状"工具🖧，单击属性栏中的"常用形状"按钮▢，在弹出的下拉列表中选择需要的形状，如图4-163所示。在适当的位置拖曳鼠标绘制一个直角三角形，如图4-164所示。

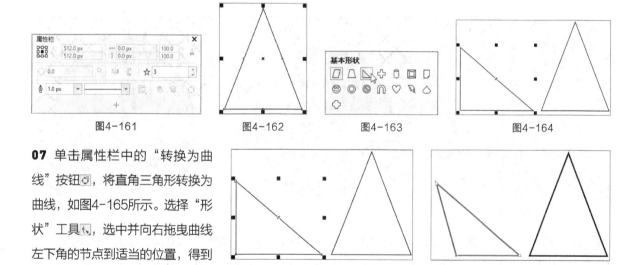

图4-161　　　　图4-162　　　　图4-163　　　　图4-164

07 单击属性栏中的"转换为曲线"按钮🗗，将直角三角形转换为曲线，如图4-165所示。选择"形状"工具🖎，选中并向右拖曳曲线左下角的节点到适当的位置，得到钝角三角形，如图4-166所示。

图4-165　　　　图4-166

08 选择"选择"工具🡤，按数字键盘上的+键，复制钝角三角形。在按住Shift键的同时，水平向右拖曳复制得到的钝角三角形到适当位置，效果如图4-167所示。单击属性栏中的"水平镜像"按钮🔁，水平翻转复制得到的钝角三角形，效果如图4-168所示。

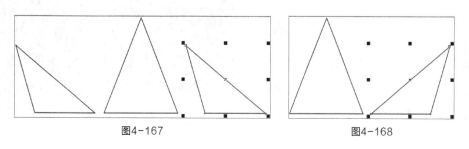

图4-167　　　　　　　　图4-168

09 选择"矩形"工具▢，在适当的位置绘制一个矩形，如图4-169所示。选择"选择"工具▶，用圈选的方式将绘制的图形同时选中，如图4-170所示。单击属性栏中的"合并"按钮▣，合并图形，如图4-171所示。

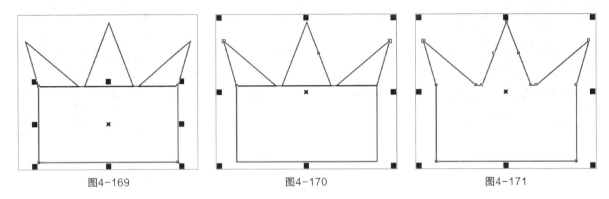

图4-169　　　　　　　　　　图4-170　　　　　　　　　　图4-171

10 选择"选择"工具▶，拖曳合并后的图形到页面中适当位置，如图4-172所示。选择"属性滴管"工具🖊，将鼠标指针放置在下方圆形上，鼠标指针变为🖊图标，如图4-173所示。在圆形上单击吸取其属性，鼠标指针变为◆图标，在合并后的图形上单击，填充图形，效果如图4-174所示。

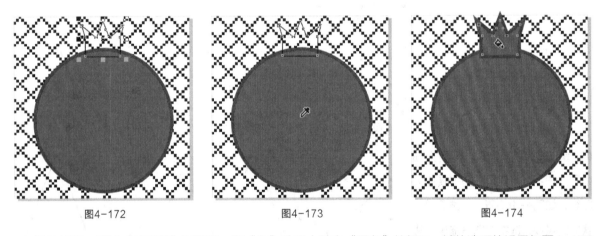

图4-172　　　　　　　　　　图4-173　　　　　　　　　　图4-174

11 按F12键，弹出"轮廓笔"对话框，在"角"选项中单击"圆角"按钮┏，其他选项的设置如图4-175所示。单击"OK"按钮，效果如图4-176所示。按Ctrl+PageDown组合键，将图形向后移一层，效果如图4-177所示。

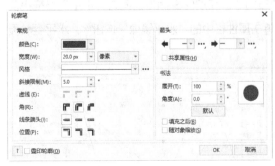

图4-175

图4-176

图4-177

12 选择"选择"工具 ▶ ，在按住Shift键的同时，单击下方的圆形将其选中，如图4-178所示。按数字键盘上的+键，复制图形。按方向键，微调复制得到的图形到适当位置，如图4-179所示。

13 保持图形的选中状态。设置颜色的RGB值为204、208、213，填充图形和轮廓线，效果如图4-180所示。按Ctrl+PageDown组合键，将选中的图形向后移一层，效果如图4-181所示。

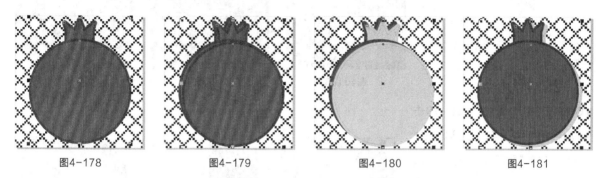

图4-178   图4-179   图4-180   图4-181

14 选择"椭圆形"工具 ○ ，在按住Ctrl键的同时，在适当的位置绘制一个圆形，如图4-182所示。设置颜色的RGB值为254、52、52，填充图形，并去除圆形的轮廓线，效果如图4-183所示。用相同的方法绘制出其他圆形，并填充相应的颜色，效果如图4-184所示。

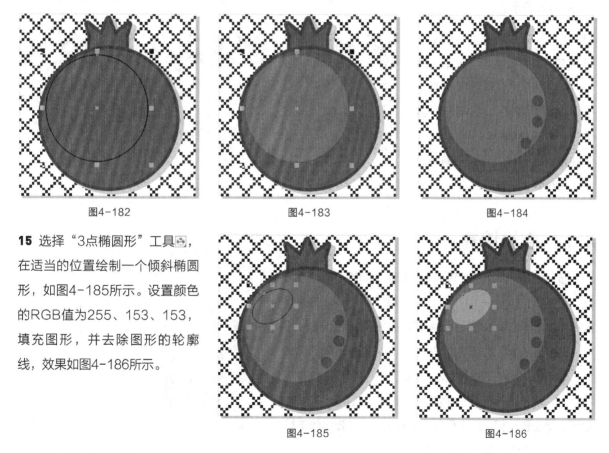

图4-182   图4-183   图4-184

15 选择"3点椭圆形"工具 ⊡ ，在适当的位置绘制一个倾斜椭圆形，如图4-185所示。设置颜色的RGB值为255、153、153，填充图形，并去除图形的轮廓线，效果如图4-186所示。

图4-185   图4-186

16 选择"网状填充"工具 ▦ ，在属性栏中进行设置，如图4-187所示。按Enter键，在倾斜椭圆形中添加网格，效果如图4-188所示。

17 选择"网状填充"工具▦，在按住Shift键的同时，单击网格中添加的节点，如图4-189所示。在RGB调色板中的"白"色块上单击，填充网状点颜色，效果如图4-190所示。

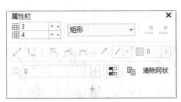

图4-187

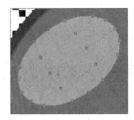

图4-188

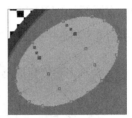

图4-189

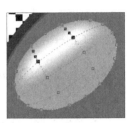

图4-190

18 在按住Shift键的同时，单击网格中添加的节点，如图4-191所示。选择"窗口 > 泊坞窗 > 颜色"命令，弹出"Color"泊坞窗，相关选项的设置如图4-192所示，单击"填充"按钮，效果如图4-193所示。

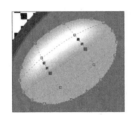

图4-191

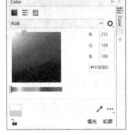

图4-192

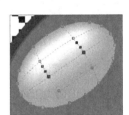

图4-193

19 用相同的方法再绘制一个带有网格的倾斜椭圆形，效果如图4-194所示。水果图标绘制完成，效果如图4-195所示。将该图标应用在手机中，会自动变为圆角遮罩图标，呈现出圆角效果，如图4-196所示。

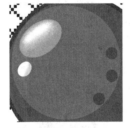

图4-194

图4-195

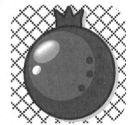

图4-196

4.3.2 底纹填充

按F11键，弹出"编辑填充"对话框，单击"底纹填充"按钮▦，如图4-197所示。CorelDRAW 2020的底纹库提供了多个样本组和几百种预设的底纹填充图案。

在"底纹库"选项下拉列表中，可以选择不同的样本组。CorelDRAW 2020底纹库提供了7个样本组。选择样本组后，"填充"选项下方的预览框▦中显示出底纹的效果，单击预览框▦右侧的下拉按钮▾，在弹出的下拉列表中可以选择需要的底纹图案。

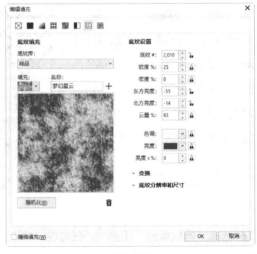

图4-197

绘制一个图形，在"底纹库"中选择需要的样本组后，单击预览框右侧的下拉按钮，在弹出的下拉列表中选择需要的底纹图案，单击"OK"按钮，可以将底纹图案填充到图形中。几个填充不同底纹图案的图形效果如图4-198所示。

选择"交互式填充"工具，在属性栏中单击"底纹填充"按钮，单击"填充挑选器"选项右侧的下拉按钮，在弹出的下拉列表中可以选择底纹填充的样式。

图4-198

> **提示**　底纹填充会增加文件的大小，并使处理时间增加，在对大型的图形使用底纹填充时要慎重。

4.3.3　PostScript填充

PostScript填充是利用PostScript语言设计的一种特殊的图案填充。PostScript图案是一种特殊的图案，只有在"增强"视图模式下，PostScript填充的底纹才能显示出来。下面介绍PostScript填充的使用方法和技巧。

按F11键，弹出"编辑填充"对话框，单击"PostScript填充"按钮，切换到相应的对话框，如图4-199所示。CorelDRAW 2020提供了多个PostScript底纹图案。

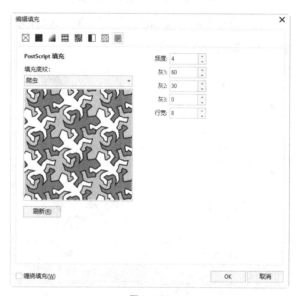

图4-199

在对话框左侧的预览框中可以看到PostScript底纹的效果。"填充底纹"下拉列表提供了多个PostScript底纹，选择一个PostScript底纹，右侧的参数设置区中会出现所选PostScript底纹的参数。

在参数设置区的各个选项中输入需要的数值，可以改变选择的PostScript底纹，产生新的PostScript底纹，如图4-200所示。

选择"交互式填充"工具，在属性栏中单击"PostScript填充"按钮，单击"PostScript填充底纹"选项右侧的下拉按钮，可以在弹出的下拉列表中选择PostScript底纹对图形对象进行填充，如图4-201所示。

图4-200

图4-201

提示 CorelDRAW 2020在屏幕上显示PostScript填充时用字母"PS"表示。PostScript填充使用的限制非常多，由于PostScript填充非常复杂，所以在打印和更新屏幕显示时会使处理时间增加。PostScript填充非常占用系统资源，使用时一定要慎重。

4.3.4 网状填充

绘制一个要进行网状填充的图形，如图4-202所示。选择"网状填充"工具⊞，在属性栏中将"网格大小"选项均设置为3，按Enter键，图形的网状填充效果如图4-203所示。

选中网格中需要填充的节点，如图4-204所示。在调色板中需要的颜色上单击，为选中的节点填充颜色，效果如图4-205所示。

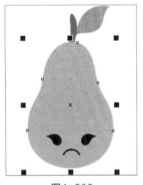

图4-202

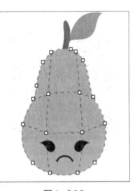

图4-203

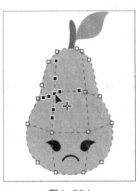

图4-204

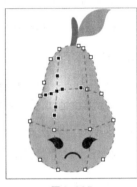

图4-205

再选中其他需要的节点并进行颜色填充，如图4-206所示。选中节点后，拖曳节点可以改变颜色填充的方向，如图4-207所示。网状填充效果如图4-208所示。

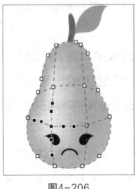

图4-206

图4-207

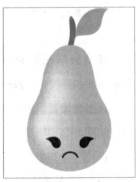

图4-208

4.3.5　滴管工具

使用"属性滴管"工具可以提取并复制图形的属性,进而将属性填充到其他图形中。使用"颜色滴管"工具,只能将从图形上提取的颜色填充到其他图形中。

1. 颜色滴管工具

绘制两个图形,如图4-209所示。选择"颜色滴管"工具 ,属性栏如图4-210所示。将鼠标指针放置在图形上,单击提取图形的颜色,如图4-211所示。鼠标指针变为 图标,将鼠标指针移动到另一图形上,如图4-212所示。单击即可填充提取的颜色,效果如图4-213所示。

图4-209

图4-210

图4-211

图4-212

图4-213

2. 属性滴管工具

选择"属性滴管"工具 ,属性栏如图4-214所示。将鼠标指针放置在图形上,单击提取图形的属性,如图4-215所示。鼠标指针变为 图标,将鼠标指针移动到另一图形上,如图4-216所示。单击即可填充提取的所有属性,效果如图4-217所示。

图4-214

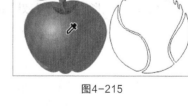

图4-215

图4-216

图4-217

在"属性滴管"工具属性栏中，在"属性"选项下拉列表中，可以设置提取并复制对象的轮廓属性、填充属性和文本属性。在"变换"选项下拉列表中，可以设置提取并复制对象的大小、旋转和位置等属性。在"效果"选项下拉列表中，可以设置提取并复制对象的透视点、封套、混合、立体化、轮廓图、透镜、PowerClip、阴影、变形和位图效果等属性。

课堂练习——绘制宠物食品类标志

练习知识要点 使用"多边形"工具、"椭圆形"工具和"文本"工具绘制背景和文字；使用"贝塞尔"工具、"椭圆形"工具和填充工具绘制猫图形。效果如图4-218所示。

效果所在位置 学习资源\Ch04\效果\绘制宠物食品类标志.cdr。

图4-218

课后习题——绘制T恤图案

习题知识要点 使用"椭圆形"工具、底纹填充绘制背景；使用基本形状工具、"矩形"工具、"椭圆形"工具、"2点线"工具、"网状填充"工具和PostScript填充绘制卡通图案。效果如图4-219所示。

效果所在位置 学习资源\Ch04\效果\绘制T恤图案.cdr。

图4-219

第 5 章

排列和组合对象

本章介绍

CorelDRAW 2020提供了多个命令和工具来排列和组合图形
对象。本章将介绍CorelDRAW 2020中排列和组合对象的功
能以及相关的技巧。通过学习本章内容，读者可以学会排列
和组合对象，轻松完成制作任务。

学习目标

● 熟练掌握对齐和分布对象的方法。

● 了解网格和辅助线的设置及使用方法。

● 掌握对象的排序方法。

● 掌握组合和合并的技巧。

技能目标

● 掌握"名片"的制作方法。

● 掌握"汉堡插画"的绘制方法。

5.1 对齐和分布

CorelDRAW 2020提供了对齐和分布功能来设置对象的对齐和分布方式。下面介绍对齐和分布功能的使用方法和技巧。

5.1.1 课堂案例——制作名片

`案例学习目标` 学习使用"导入"对话框、"对齐与分布"命令制作名片。

`案例知识要点` 使用"导入"对话框导入素材图片；使用"对齐与分布"泊坞窗对齐所选对象；使用"手绘"工具、"矩形"工具和"旋转角度"选项绘制装饰图形。名片效果如图5-1所示。

`效果所在位置` 学习资源\Ch05\效果\制作名片.cdr。

图5-1

01 按Ctrl+N组合键，弹出"创建新文档"对话框，设置文档的宽度为90mm，高度为55mm，方向为横向，色彩模式为CMYK，分辨率为300dpi，单击"OK"按钮，创建一个文档。

02 双击"矩形"工具按钮囗，绘制一个与页面大小相等的矩形，如图5-2所示，选择"选择"工具▯，向上拖曳矩形下边中间的控制手柄到适当的位置，调整矩形大小，如图5-3所示。

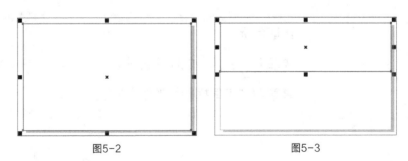

图5-2　　　　　　　　　　　图5-3

03 保持矩形的选中状态。设置颜色的CMYK值为13、0、80、0，填充图形，并去除矩形的轮廓线，效果如图5-4所示。

04 按Ctrl+I组合键，弹出"导入"对话框，选择学习资源中的"Ch05\素材\制作名片\01、02"文件，单击"导入"按钮，在页面中分别单击导入图片，如图5-5所示。

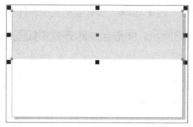

图5-4

图5-5

05 选择"选择"工具，在按住Shift键的同时，依次单击导入的图片将其同时选中，如图5-6所示。选择"对象 > 对齐与分布 > 对齐与分布"命令，弹出"对齐与分布"泊坞窗，单击"页面边缘"按钮，使两张图片与页面边缘对齐，如图5-7所示；再单击"顶端对齐"按钮，如图5-8所示，图片顶端对齐效果如图5-9所示。

图5-6

图5-7

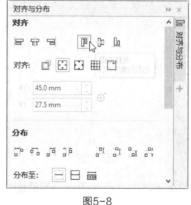

图5-8

图5-9

06 按Ctrl+I组合键，弹出"导入"对话框，选择学习资源中的"Ch05\素材\制作名片\03、04"文件，单击"导入"按钮，在页面中分别单击导入图片，如图5-10所示。选择"选择"工具，在按住Shift键的同时，依次单击需要的图片将其同时选中，如图5-11所示（先选中右下角的图片，然后再选中右上角的图片作为目标对象）。

图5-10

图5-11

07 在"对齐与分布"泊坞窗中，单击"选定对象"按钮 ，与选择的目标对象对齐，如图5-12所示。再单击"水平居中对齐"按钮 ，如图5-13所示，图形居中对齐效果如图5-14所示。

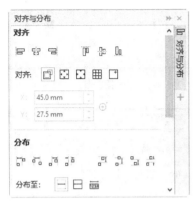
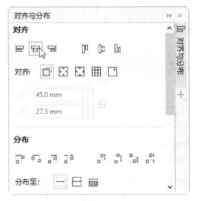

图5-12　　　　　　　　　　图5-13　　　　　　　　　　图5-14

08 选择"选择"工具 ，用圈选的方式将左侧图片同时选中，如图5-15所示。在"对齐与分布"泊坞窗中，单击"右对齐"按钮 ，如图5-16所示。图形右对齐效果如图5-17所示。（从左下角向右上角圈选。）

图5-15　　　　　　　　　　图5-16　　　　　　　　　　图5-17

09 选择"选择"工具 ，在按住Shift键的同时，依次单击需要的图片将其同时选中，如图5-18所示。在"对齐与分布"泊坞窗中，单击"底端对齐"按钮 ，如图5-19所示。图形底端对齐效果如图5-20所示。（先选中左下角图片，然后再选中右下角图片作为目标对象。）

图5-18　　　　　　　　　　图5-19　　　　　　　　　　图5-20

10 选择"手绘"工具 ⚲，在按住Ctrl键的同时，在适当的位置绘制一条直线，并在属性栏的"轮廓宽度" ⬚ 0.2 mm ▾ 中设置数值为0.5mm，按Enter键，效果如图5-21所示。

11 选择"矩形"工具 ▢，在按住Ctrl键的同时，在适当的位置绘制一个正方形，填充正方形为黑色，并去除正方形的轮廓线，效果如图5-22所示。在属性栏的"旋转角度" ↻ 0.0 中设置数值为45，按Enter键，效果如图5-23所示。

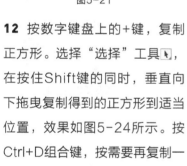
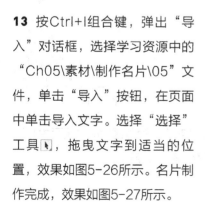

图5-21

图5-22

图5-23

12 按数字键盘上的+键，复制正方形。选择"选择"工具 ▯，在按住Shift键的同时，垂直向下拖曳复制得到的正方形到适当位置，效果如图5-24所示。按Ctrl+D组合键，按需要再复制一个正方形，效果如图5-25所示。

图5-24

图5-25

13 按Ctrl+I组合键，弹出"导入"对话框，选择学习资源中的"Ch05\素材\制作名片\05"文件，单击"导入"按钮，在页面中单击导入文字。选择"选择"工具 ▯，拖曳文字到适当的位置，效果如图5-26所示。名片制作完成，效果如图5-27所示。

图5-26

图5-27

5.1.2 对象的对齐与分布

1. 对象的对齐

使用"选择"工具 选中多个要对齐的对象，选择"对象 > 对齐与分布 > 对齐与分布"命令，或按 Ctrl+Shift+A组合键，或单击属性栏中的"对齐与分布"按钮，弹出图5-28所示的"对齐与分布"泊坞窗。

在"对齐与分布"泊坞窗的"对齐"设置区中，有两组对齐方式："左对齐"按钮、"水平居中对齐"按钮、"右对齐"按钮和"顶端对齐"按钮、"垂直居中对齐"按钮、"底端对齐"按钮。两组对齐方式可以单独使用，也可以配合使用。对齐右底端、左顶端等设置就需要两组对齐方式配合使用。

在"对齐"设置区中可以选择对齐基准，其中包括"选定对象"按钮、"页面边缘"按钮、"页面中心"按钮、"网格"按钮和"指定点"按钮。对齐基准按钮必须与对齐方式按钮同时使用，以指定对象的某个部分去和相应的基准线对齐。

选择"选择"工具，按住 Shift键单击要对齐的对象，将它们全选中，如图5-29所示。注意目标对象要最后选中，因为其他对象将以目标对象为基准对齐。本例以右下角的红色鱼图形为目标对象，所以最后选中它。

图5-28

图5-29

选择"对象 > 对齐与分布 > 对齐与分布"命令，弹出"对齐与分布"泊坞窗。

在"对齐与分布"泊坞窗中单击"右对齐"按钮，如图5-30所示。对象以最后选中的红色鱼图形的右边缘为基准进行对齐，效果如图5-31所示。

图5-30

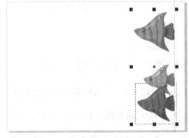

图5-31

在"对齐与分布"泊坞窗中先单击"垂直居中对齐"按钮，再单击"对齐"设置区中的"页面中心"按钮，如图5-32所示。对象以页面中心为基准进行垂直居中对齐，效果如图5-33所示。

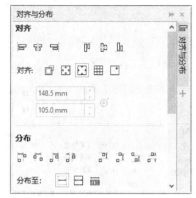

图5-32

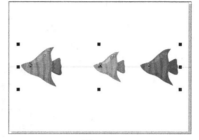

图5-33

提示 在"对齐与分布"泊坞窗中，可以进行多种图形对齐方式的设置，只要多练习，就可以很快掌握图形对齐方式的设置方法。

2. 对象的分布

使用"选择"工具 选中要分布排列的对象，如图5-34所示。再选择"对象 > 对齐与分布 > 对齐与分布"命令，弹出"对齐与分布"泊坞窗，"分布"设置区中包括多个分布排列的按钮，如图5-35所示。

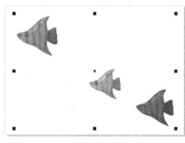

图5-34

图5-35

"分布"设置区中有两组分布排列按钮："左分散排列"按钮 、"水平分散排列中心"按钮 、"右分散排列"按钮 、"水平分散排列间距"按钮 和"顶部分散排列"按钮 、"垂直分散排列中心"按钮 、"底部分散排列"按钮 、"垂直分散排列间距"按钮 。可以选择不同的基准点来分布对象。

在"分布"设置区中，单击"选定对象"按钮 ，再单击"垂直分散排列间距"按钮 ，其他选项的设置如图5-36所示。对象的分布效果如图5-37所示。

图5-36

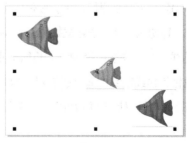

图5-37

5.1.3 网格和辅助线的设置和使用

1. 设置网格

选择"查看 > 网格 > 文档网格"命令,在页面中生成网格,如图5-38所示。如果想取消网格,只需要再次选择"查看 > 网格 > 文档网格"命令即可。

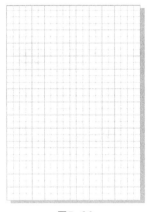

在绘图页面中单击鼠标右键,弹出快捷菜单,在快捷菜单中选择"查看 > 文档网格"命令,如图5-39所示,也可以在页面中生成网格。

图5-38

图5-39

在绘图页面的标尺上单击鼠标右键,弹出快捷菜单,在快捷菜单中选择"网格设置"命令,如图5-40所示。弹出"选项"对话框,如图5-41所示。在"文档网格"设置区中可以设置网格的密度和网格点的间距。在"基线网格"设置区中可以设置网格从顶部开始的距离和基线间的间距。若要查看像素网格设置的效果,必须切换到"像素"视图。

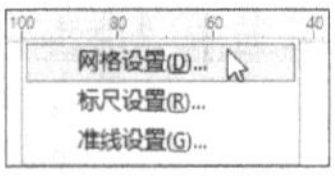

图5-40

图5-41

2. 设置辅助线

将鼠标指针移动到水平或垂直标尺上,按住鼠标左键不放,并向下或向右拖曳,在适当的位置松开鼠标左键,可以绘制一条辅助线,辅助线效果如图5-42所示。

要想移动辅助线,必须先选中辅助线。将鼠标指针放在辅助线上并单击,辅助线被选中并显示为红色时,按住鼠标左键将辅助线拖曳到适当的位置,松开鼠标左键即可移动辅助线,如图5-43所示。在拖曳的过程中单击鼠标右键,松开鼠标左键后可以在当前位置复制出一条辅助线。选中辅助线后,按Delete键,可以将辅助线删除。

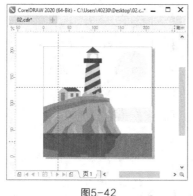

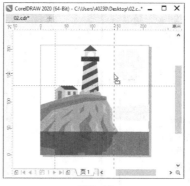

图5-42　　　　　　　　　　　　　　图5-43

　　辅助线被选中变成红色后，再次单击辅助线，辅助线切换为旋转模式，如图5-44所示。可以通过拖曳辅助线两端的旋转控制点来旋转辅助线，如图5-45所示。

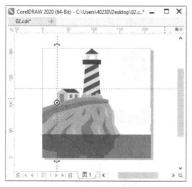

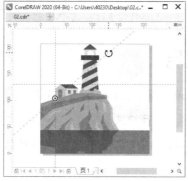

图5-44　　　　　　　　　　　图5-45

提示　选择"窗口 > 泊坞窗 > 辅助线"命令，或在标尺上单击鼠标右键，弹出快捷菜单，在其中选择"准线设置"命令，弹出"辅助线"泊坞窗，可在其中设置辅助线。

　　在辅助线上单击鼠标右键，在弹出的快捷菜单中选择"锁定"命令，可以将辅助线锁定。在快捷菜单中选择"解锁"命令，可以将辅助线解锁。

3．对齐网格、辅助线和对象

　　选择"查看 > 贴齐 > 文档网格"命令，或单击"贴齐"按钮，在弹出的下拉列表中勾选"文档网格"复选框，如图5-46所示，或按Alt+Y组合键。选择"查看 > 网格 > 文档网格"命令，在绘图页面中设置好网格。在移动对象的过程中，对象会自动对齐网格、辅助线或其他对象，如图5-47所示。

　　在"对齐与分布"泊坞窗中选取需要的对齐或分布方式，单击"对齐"设置区中的"网格"按钮▦，如图5-48所示。对象的中心点会对齐最近的网格点，在移动对象时，对象会对齐最近的网格点。

　　选择"查看 > 贴齐 > 辅助线"命令，或单击"贴齐"按钮，在弹出的下拉列表中选择"辅助线"选项，可使对象自动对齐辅助线。

　　选择"查看 > 贴齐 > 对象"命令，或单击"贴齐"按钮，在弹出的下拉列表中选择"对象"选项，或按Alt+Z组合键，可使两个对象的中心重合。

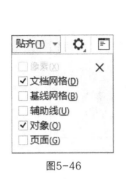

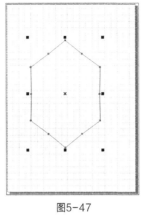

图5-46	图5-47	图5-48

提示 在曲线对象之间，用"选择"工具▲或"形状"工具▲选择并移动对象上的节点时，选择"贴齐 > 对象"命令可以方便、准确地进行节点间的捕捉对齐。

5.1.4 标尺的设置和使用

标尺可以帮助用户了解对象的当前位置，以便在设计作品时确定作品的精确尺寸。下面介绍标尺的设置和使用方法。

选择"查看 > 标尺"命令，可以显示或隐藏标尺。显示标尺的效果如图5-49所示。

图5-49

将鼠标指针放在标尺左上角的▧图标上，按住鼠标左键不放并拖曳，出现十字虚线的标尺定位线，如图5-50所示。在需要的位置松开鼠标左键，可以设定新的标尺坐标原点。双击▧图标，可以将标尺坐标原点还原到原始的位置。

按住Shift键，将鼠标指针放在标尺左上角的▧图标上，按住鼠标左键不放并拖曳，可以将标尺移动到新位置，如图5-51所示。将标尺拖曳回左上角，可以还原标尺的位置。

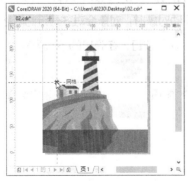

图5-50	图5-51

5.1.5　标注线的绘制

工具箱中共有5种标注工具，它们从上到下依次是"平行度量"工具⬚、"水平或垂直度量"工具⬚、"角度尺度"工具⬚、"线段度量"工具⬚和"3点标注"工具⬚。选择"平行度量"工具⬚，属性栏如图5-52所示。

图5-52

打开一个图形，如图5-53所示。选择"平行度量"工具⬚，将鼠标指针移动到图形对象的左侧，向下移动鼠标指针，将鼠标指针移动到图形对象的底部后再次单击，再将鼠标指针移动到线段的中间，如图5-54所示。再次单击完成标注，效果如图5-55所示。使用相同的方法，用其他标注工具对图形对象进行标注，标注完成后的图形效果如图5-56所示。

图5-53

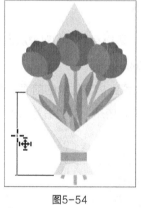
图5-54

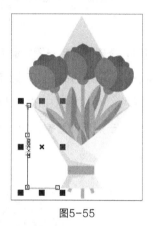
图5-55

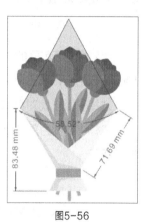
图5-56

5.1.6　对象的排序

在CorelDRAW 2020中，绘制的对象可能存在着重叠的关系。如果在绘图页面中的同一位置先后绘制两个不同的对象，后绘制的对象将位于先绘制对象的上方。

使用CorelDRAW 2020的排序功能可以安排多个对象的前后顺序，也可以使用图层来管理对象。

使用"选择"工具⬚选择要进行排序的对象，如图5-57所示。选择"对象 > 顺序"下的各个命令，如图5-58所示，可对已选中的图形对象进行排序。

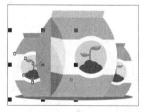
图5-57

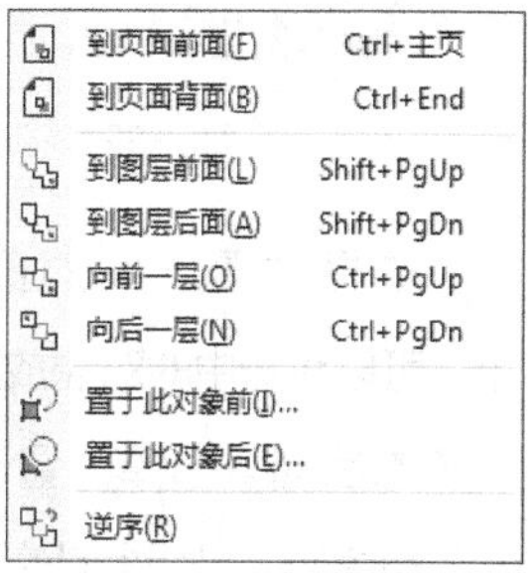

图5-58

选择"到图层前面"命令，可以将背景图形从当前层移动到绘图页面中其他对象的最前面，效果如图5-59所示。按Shift+PageUp组合键，也可以完成这个操作。

选择"到图层后面"命令，可以将背景图形从当前层移动到绘图页面中其他对象的最后面，如图5-60所示。按Shift+PageDown组合键，也可以完成这个操作。

选择"向前一层"命令，可以将选定的对象从当前位置向前移一层，如图5-61所示。按Ctrl+PageUp组合键，也可以完成这个操作。

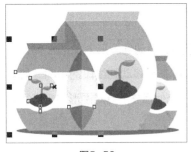
图5-59

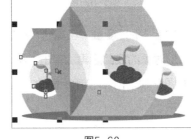
图5-60

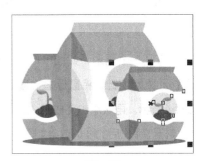
图5-61

当对象位于前面的位置时，选择"向后一层"命令，可以将选定的对象从当前位置向后移动一个图层，如图5-62所示。按Ctrl+PageDown组合键，也可以完成这个操作。

选择"置于此对象前"命令，可以将选中的对象放置到指定对象的前面。选择"置于此对象前"命令后，鼠标指针变为黑色箭头，单击指定的对象，如图5-63所示，对象被放置到指定对象的前面，效果如图5-64所示。

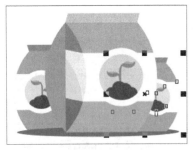
图5-62

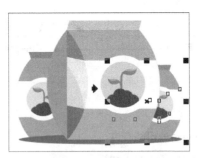
图5-63

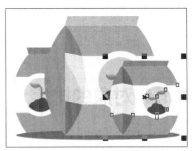
图5-64

选择"置于此对象后"命令，可以将选中的对象放置到指定对象的后面。选择"置于此对象后"命令后，鼠标指针变为黑色箭头，单击指定的对象，如图5-65所示，对象被放置到指定对象的后面，效果如图5-66所示。

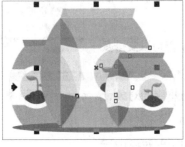
图5-65

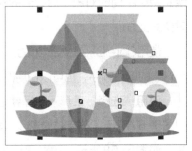
图5-66

5.2 组合和合并

CorelDRAW 2020提供了组合和合并功能，组合功能可以将多个不同的图形对象组合在一起，方便整体操作；合并功能可以将多个图形对象合并在一起，创建出一个新的对象。下面介绍组合和合并的方法和技巧。

5.2.1 课堂案例——绘制汉堡插画

案例学习目标 学习使用图形绘制工具、"组合"命令绘制汉堡插画。

案例知识要点 使用"矩形"工具、"圆角半径"选项、"椭圆形"工具、"合并"按钮和填充工具绘制汉堡；使用"组合"命令对图形进行群组。汉堡插画效果如图5-67所示。

效果所在位置 学习资源\Ch05\效果\绘制汉堡插画.cdr。

图5-67

01 按Ctrl+N组合键，弹出"创建新文档"对话框，设置文档的宽度为100mm，高度为100mm，方向为纵向，色彩模式为CMYK，分辨率为300dpi，单击"OK"按钮，创建一个文档。

02 双击"矩形"工具按钮□，绘制一个与页面大小相等的矩形，如图5-68所示。设置颜色的CMYK值为73、64、37、0，填充图形，并去除矩形的轮廓线，效果如图5-69所示。

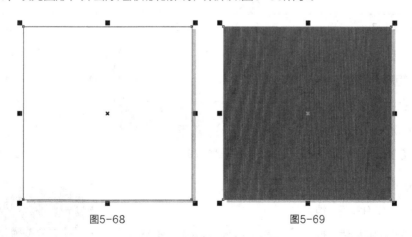

图5-68   图5-69

03 选择"矩形"工具□，在适当的位置绘制一个矩形，如图5-70所示。按Alt+F9组合键，弹出"变换"泊坞窗，相关设置如图5-71所示。单击"应用"按钮，效果如图5-72所示。

04 在属性栏中设置"圆角半径"选项，如图5-73所示，按Enter键，效果如图5-74所示。设置颜色的CMYK值为2、49、53、0，填充图形，并去除图形的轮廓线，效果如图5-75所示。

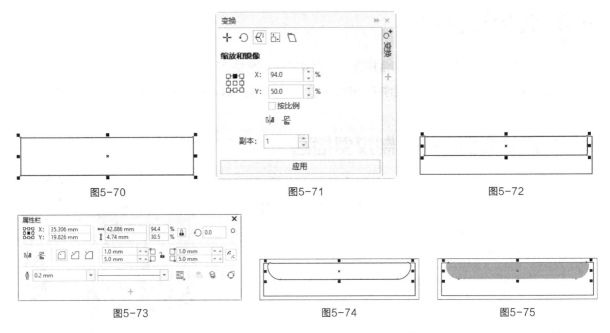

图5-70　　　　　　　　图5-71　　　　　　　　图5-72

图5-73　　　　　　　　图5-74　　　　　　　　图5-75

05 选择"选择"工具 ，选中下方的矩形，在属性栏中设置"圆角半径"选项，如图5-76所示，按Enter键，效果如图5-77所示。设置颜色的CMYK值为21、67、87、0，填充图形，并去除图形的轮廓线，效果如图5-78所示。

图5-76　　　　　　　　图5-77　　　　　　　　图5-78

06 选择"矩形"工具 ，在适当的位置绘制一个矩形，如图5-79所示。在属性栏中将"圆角半径"选项均设为10mm，按Enter键，效果如图5-80所示。

07 保持图形的选中状态。设置颜色的CMYK值为39、77、91、3，填充图形，并去除图形的轮廓线，效果如图5-81所示。按数字键盘上的+键，复制图形。选择"选择"工具 ，在按住Shift键的同时，垂直向上拖曳复制得到的图形到适当的位置，效果如图5-82所示。

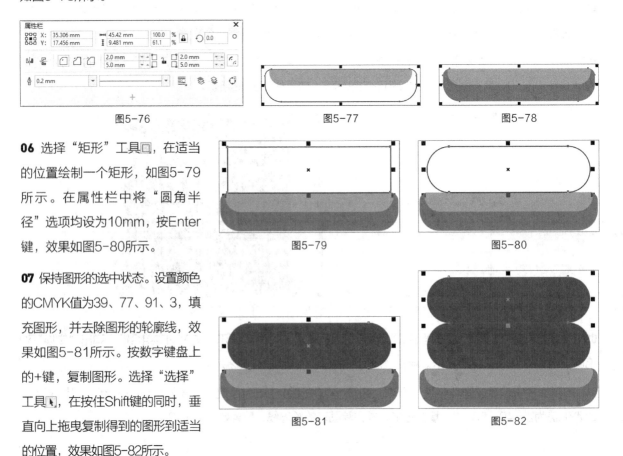

图5-79　　　　　　　　图5-80

图5-81　　　　　　　　图5-82

08 按数字键盘上的+键，复制图形。设置颜色的CMYK值为0、12、79、0，填充图形，效果如图5-83所示。单击属性栏中的"转换为曲线"按钮⊙，将图形转换为曲线，如图5-84所示。

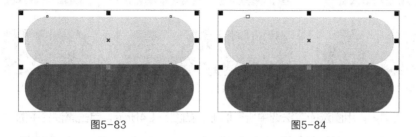

图5-83　　　　　　　　　　　　　　图5-84

09 选择"形状"工具，用圈选的方法将圆角矩形上方的两个节点同时选中，如图5-85所示，按Delete键将其删除，如图5-86所示。

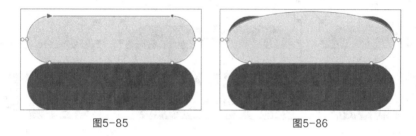

图5-85　　　　　　　　　　　　　　图5-86

10 选择"形状"工具，单击选中需要的曲线段，如图5-87所示。在属性栏中单击"转换为线条"按钮，将曲线段转换为直线，效果如图5-88所示。

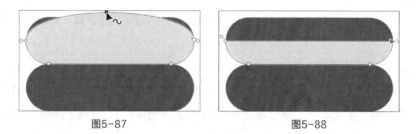

图5-87　　　　　　　　　　　　　　图5-88

11 选择"形状"工具，在适当的位置双击，添加3个节点，如图5-89所示。选中并向下拖曳中间添加的节点到适当位置，效果如图5-90所示。

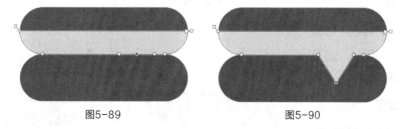

图5-89　　　　　　　　　　　　　　图5-90

12 选择"椭圆形"工具○，在按住Ctrl键的同时，在适当的位置绘制一个圆形，效果如图5-91所示。按数字键盘上的+键，复制圆形。选择"选择"工具，在按住Shift键的同时，水平向右拖曳复制得到的圆形到适当位置，效果如图5-92所示。按住Ctrl键，连续按D键，按需要复制出多个圆形，效果如图5-93所示。

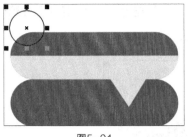

图5-91

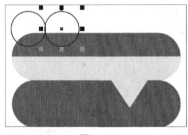

图5-92

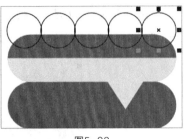

图5-93

13 选择"选择"工具，用圈选的方法选中所有圆形，如图5-94所示，单击属性栏中的"合并"按钮，合并图形，如图5-95所示。设置颜色的CMYK值为58、0、93、0，填充图形，并去除图形的轮廓线，效果如图5-96所示。

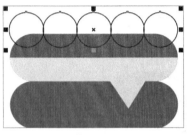

图5-94

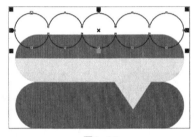

图5-95

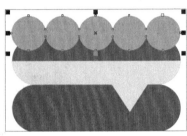

图5-96

14 按数字键盘上的+键，复制图形。选择"选择"工具，向上拖曳图形下方中间的控制手柄到适当位置，调整图形大小，如图5-97所示。设置颜色的CMYK值为75、11、97、0，填充图形，效果如图5-98所示。在按住Shift键的同时，向左拖曳图形右侧中间的控制手柄到适当的位置，调整图形大小，如图5-99所示。

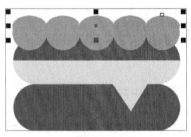

图5-97

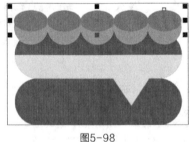

图5-98

图5-99

15 选择"矩形"工具，在适当的位置绘制一个矩形，如图5-100所示。按数字键盘上的+键，复制矩形。选择"选择"工具，向上拖曳矩形下边中间的控制手柄到适当的位置，调整矩形大小，如图5-101所示。

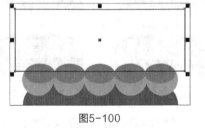

图5-100

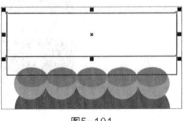

图5-101

16 在属性栏中设置"圆角半径"选项，如图5-102所示，按Enter键，效果如图5-103所示。设置颜色的CMYK值为2、49、53、0，填充图形，并去除图形的轮廓线，效果如图5-104所示。

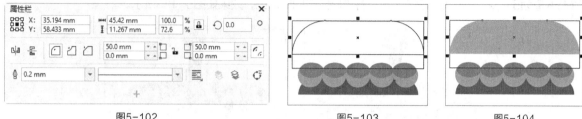

图5-102   图5-103   图5-104

17 选择"选择"工具，选中下方的矩形，在属性栏中设置"圆角半径"选项，如图5-105所示，按Enter键，效果如图5-106所示。设置颜色的CMYK值为21、67、87、0，填充图形，并去除图形的轮廓线，效果如图5-107所示。

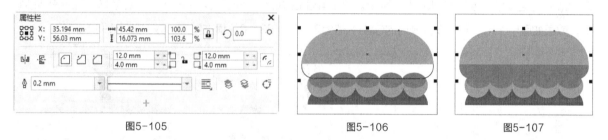

图5-105   图5-106   图5-107

18 选择"矩形"工具，在适当的位置绘制一个矩形。设置颜色的CMYK值为83、78、58、27，填充图形，并去除图形的轮廓线，效果如图5-108所示。按Shift+PageDown组合键，将图形移至最后面，效果如图5-109所示。

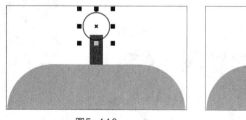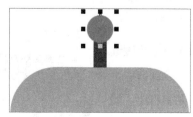

图5-108   图5-109

19 选择"椭圆形"工具，在按住Ctrl键的同时，在适当的位置绘制一个圆形，如图5-110所示。设置颜色的CMYK值为75、11、97、0，填充图形，并去除图形的轮廓线，效果如图5-111所示。

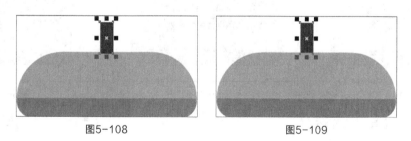

图5-110   图5-111

20 选择"3点椭圆形"工具 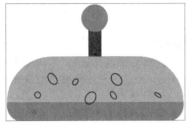，在适当的位置拖曳鼠标绘制多个倾斜椭圆形，如图5-112所示。选择 "选择"工具 ，用圈选的方法将绘制的倾斜椭圆形同时选中，按Ctrl+G组合键，将其群组，设置颜色的 CMYK值为5、22、29、0，填充图形，并去除图形的轮廓线，效果如图5-113所示。

图5-112

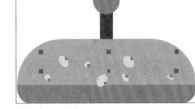

图5-113

21 按数字键盘上的+键，复制图形。选择"选择"工具 ，在按住Shift键的同时，垂直向下拖曳复制得到 的图形到适当位置，效果如图5-114所示。单击属性栏中的"垂直镜像"按钮 ，垂直翻转复制得到的图 形，效果如图5-115所示。设置颜色的CMYK值为2、49、53、0，填充图形，效果如图5-116所示。

图5-114

图5-115

图5-116

22 选择"矩形"工具 ，在适 当的位置绘制一个矩形。设置颜 色的CMYK值为5、22、29、 0，填充图形，并去除图形的轮廓 线，效果如图5-117所示。

23 选择"选择"工具 ，用圈选 的方法将绘制的图形全部选中， 按Ctrl+G组合键，将其群组，如 图5-118所示。

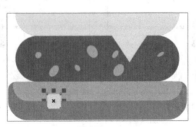

图5-117

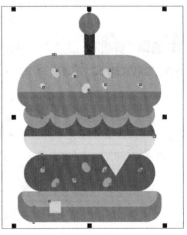

图5-118

24 拖曳群组图形到页面中适当的位置，并调整其大小，效果如图5-119所示。按Ctrl+I组合键，弹出"导入"对话框，选择学习资源中的"Ch05\素材\绘制汉堡插画\01"文件，单击"导入"按钮，在页面中单击导入图形。选择"选择"工具 ，拖曳图形到适当的位置，效果如图5-120所示。汉堡插画绘制完成，效果如图5-121所示。

图5-119

图5-120

图5-121

5.2.2 组合对象

绘制几个对象，使用"选择"工具 选中要进行组合的对象，如图5-122所示。选择"对象 > 组合 > 组合对象"命令，或按Ctrl+G组合键，或单击属性栏中的"组合对象"按钮 ，将多个对象进行群组，效果如图5-123所示。选择"选择"工具 ，按住Ctrl键，单击需要选中的子对象，松开Ctrl键，子对象被选中，效果如图5-124所示。

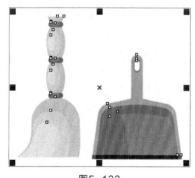

图5-122

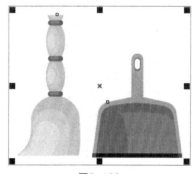

图5-123

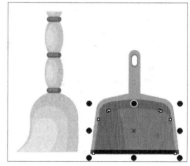

图5-124

群组后的对象变成一个整体，移动其中一个对象，其他的对象会随着移动；填充其中一个对象，其他的对象也将被填充。

选择"对象 > 组合 > 取消群组"命令，或按Ctrl+U组合键，或单击属性栏中的"取消组合对象"按钮 ，可以取消对象的群组状态。选择"对象 > 组合 > 全部取消组合"命令，或单击属性栏中的"取消组合所有对象"按钮 ，可以取消所有对象的群组状态。

5.2.3 合并对象

绘制几个对象，如图5-125所示。使用"选择"工具 ▶ 选中要进行合并的对象，如图5-126所示。

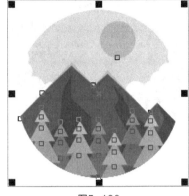

图5-125　　　　　　　　　　　　　图5-126

选择"对象 > 合并"命令，或按Ctrl+L组合键，可以将多个对象合并，效果如图5-127所示。

使用"形状"工具 ▶ 选中合并后的对象，可以对对象的节点进行调整，如图5-128所示，改变对象的形状，效果如图5-129所示。

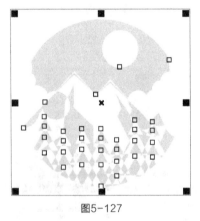

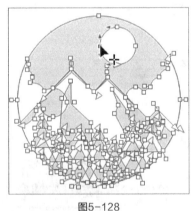

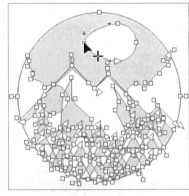

图5-127　　　　　　　　　图5-128　　　　　　　　　图5-129

选择"对象 > 拆分曲线"命令，或按Ctrl+K组合键，可以取消对象的合并状态，原来合并的对象将变为多个单独的对象。

课堂练习——制作中秋节海报

练习知识要点 使用"导入"命令导入素材图片；使用"对齐与分布"命令设置对象的排列方式；使用"文本"工具、"形状"工具添加并编辑主题文字。效果如图5-130所示。

效果所在位置 学习资源\Ch05\效果\制作中秋节海报.cdr。

图5-130

课后习题——绘制灭火器图标

习题知识要点 使用"椭圆形"工具、"轮廓笔"工具绘制背景；使用"矩形"工具、"椭圆形"工具、"3点矩形"工具、"移除前面对象"按钮、"合并"按钮和"贝塞尔"工具绘制灭火器图样；使用"文本"工具、"文本"泊坞窗添加文字。效果如图5-131所示。

效果所在位置 学习资源\Ch05\效果\绘制灭火器图标.cdr。

图5-131

第 6 章

编辑文本

本章介绍

CorelDRAW 2020具有强大的文本输入、编辑和处理功能。
在CorelDRAW 2020中，除了可以进行常规的文本输入和
编辑外，还可以进行复杂的文本特效处理。通过学习本章内
容，读者可以了解并掌握使用CorelDRAW 2020编辑文本的
方法和技巧。

学习目标

●掌握创建和编辑文本的方法。

●熟练掌握"文本"泊坞窗的使用方法。

●掌握制表位和制表符的设置方法。

●熟练掌握文本效果的制作方法。

技能目标

●掌握"女装App引导页"的制作方法。

●掌握"台历"的制作方法。

●掌握"美食杂志内页"的制作方法。

●掌握"女装Banner广告"的制作方法。

6.1 文本的基本操作

在CorelDRAW中，文本是具有特殊属性的对象。下面介绍CorelDRAW 2020中文本的基本操作。

6.1.1 课堂案例——制作女装App引导页

案例学习目标 学习使用"文本"工具、"文本"泊坞窗制作女装App引导页。

案例知识要点 使用"矩形"工具、"导入"命令和"置于图文框内部"命令制作底图；使用"文本"工具、"文本"泊坞窗添加文字信息。女装App引导页效果如图6-1所示。

效果所在位置 学习资源\Ch06\效果\制作女装App引导页.cdr。

图6-1

01 按Ctrl+N组合键，弹出"创建新文档"对话框，设置文档的宽度为750px，高度为1334px，方向为纵向，色彩模式为RGB，分辨率为72dpi，单击"OK"按钮，创建一个文档。

02 选择"矩形"工具□，在页面中绘制一个矩形，如图6-2所示。设置颜色的RGB值为255、204、204，填充图形，并去除图形的轮廓线，效果如图6-3所示。

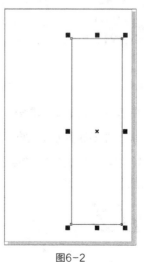

图6-2

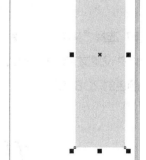

图6-3

03 按Ctrl+I组合键，弹出"导入"对话框，选择学习资源中的"Ch06\素材\制作女装App引导页\01"文件，单击"导入"按钮，在页面中单击导入图片，选择"选择"工具▶，拖曳人物图片到适当的位置，效果如图6-4所示。

04 选择"矩形"工具□，在适当的位置绘制一个矩形，设置其轮廓线为白色，并在属性栏的"轮廓宽度"⬚ 1.0 px 中设置数值为8px，按Enter键，效果如图6-5所示。

图6-4   图6-5

05 选择"选择"工具▶，选中人物图片，选择"对象 > PowerClip > 置于图文框内部"命令，鼠标指针变为黑色箭头，在矩形框中单击，如图6-6所示。将人物图片置入矩形框中，效果如图6-7所示。

06 选择"文本"工具✐，在页面中输入需要的文字；选择"选择"工具▶，在属性栏中选取适当的字体并设置文字大小；单击"将文本更改为垂直方向"按钮▥，更改文字排序方向，效果如图6-8所示。

图6-6   图6-7   图6-8

07 选择"文本"工具✐，在适当的位置输入需要的文字；选择"选择"工具▶，在属性栏中选取适当的字体并设置文字大小；单击"将文本更改为水平方向"按钮▤，更改文字排列方向，效果如图6-9所示。设置颜色的RGB值为255、204、204，填充文字，效果如图6-10所示。

图6-9   图6-10

08 选择"文本"工具，选中数字"2"，如图6-11所示。按Ctrl+T组合键，弹出"文本"泊坞窗，单击"位置"按钮，在弹出的下拉列表中选择"上标（自动）"选项，如图6-12所示。上标效果如图6-13所示。

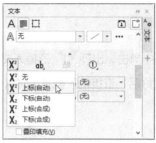

图6-11　　　　　　　　　　　图6-12　　　　　　　　　　　图6-13

09 在属性栏中的"旋转角度"中设置数值为20。按Enter键，效果如图6-14所示。选择"文本"工具，在适当的位置添加一个文本框，如图6-15所示。在文本框中输入需要的文字，在属性栏中选取适当的字体并设置文字大小，效果如图6-16所示。

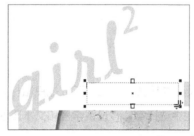

图6-14　　　　　　　　　　　图6-15　　　　　　　　　　　图6-16

10 在"文本"泊坞窗中，单击"右对齐"按钮，其他选项的设置如图6-17所示。按Enter键，效果如图6-18所示。女装App引导页制作完成，效果如图6-19所示。

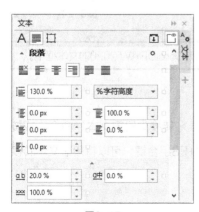

图6-17　　　　　　　　　　　图6-18　　　　　　　　　　　图6-19

6.1.2 创建文本

CorelDRAW 2020中的文本有两种类型，分别是美术字文本和段落文本。它们在使用方法、编辑格式、特殊效果等方面有很大的区别。

1. 输入美术字文本

选择"文本"工具⯐，在绘图页面中单击，出现"I"形插入文本光标，在属性栏中，选择字体，设置字号和文本属性，如图6-20所示。设置好后，直接输入美术字文本，效果如图6-21所示。

图6-20

图6-21

2. 输入段落文本

选择"文本"工具⯐，在绘图页面中按住鼠标左键不放拖曳鼠标，出现一个矩形文本框，松开鼠标左键，文本框如图6-22所示。在属性栏中选择字体，设置字号和文本属性，如图6-23所示。设置好后，直接在文本框中输入段落文本，效果如图6-24所示。

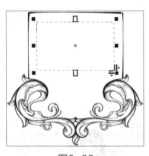

图6-22

图6-23

图6-24

> **技巧** 利用剪切、复制和粘贴等命令，可以将其他文本处理软件中的文本复制到CorelDRAW 2020的文本框中。

3. 转换文本类型

使用"选择"工具▯选中美术字文本，如图6-25所示。选择"文本 > 转换为段落文本"命令，或按Ctrl+F8组合键，可以将其转换为段落文本，如图6-26所示。再次按Ctrl+F8组合键，可以将段落文本转换为美术字文本，如图6-27所示。

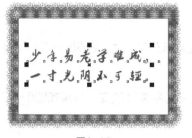
图6-25

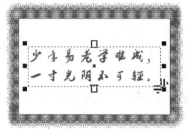
图6-26

图6-27

提示　当将美术字文本转换成段落文本后，此时文本就不是对象，也就不能进行特殊效果的操作。当将段落文本转换成美术字文本后，此时文本会失去段落文本的格式。

6.1.3　改变文本的属性

1．在属性栏中改变文本的属性

选择"文本"工具，属性栏如图6-28所示。部分选项、按钮的含义如下。

"字体列表"选项：单击 Arial 右侧的下拉按钮，可以在打开的下拉列表中选取需要的字体。

"字体大小"选项：单击 12 pt 右侧的下拉按钮，可以在打开的下拉列表中选取需要的字号。

B *I* **U**：设定字体为粗体、斜体或为文本加下划线。

"文本对齐"按钮：可以在其下拉列表中选择文本的对齐方式。

"编辑文本"按钮：单击该按钮可以打开"编辑文本"对话框，在其中可以编辑文本的各种属性。

：设置文本的排列方式为水平或垂直。

"文本"按钮：单击该按钮可以打开"文本"泊坞窗。

2．利用"文本"泊坞窗改变文本的属性

单击属性栏中的"文本"按钮，或按Ctrl+T组合键，打开"文本"泊坞窗，如图6-29所示，在其中可以设置文字的字体及大小等属性。

图6-28

图6-29

6.1.4 文本编辑

选择"文本"工具 ，在绘图页面中的文本上单击，插入光标，按住鼠标左键不放，拖曳鼠标选中需要的文本，松开鼠标左键，如图6-30所示。

在属性栏中重新选择字体，如图6-31所示。设置完成后，选中文本的字体被改变，效果如图6-32所示。

| 图6-30 | 图6-31 | 图6-32 |

选中需要填充颜色的文本，如图6-33所示。在调色板中需要的颜色上单击，可以为选中的文本填充颜色，如图6-34所示。在页面的任意位置单击，可以取消对文本的选中。

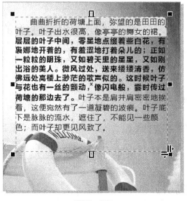

| 图6-33 | 图6-34 |

按住Alt键并拖曳文本框，如图6-35所示。可以按文本框的大小改变段落文本的大小，如图6-36所示。

| 图6-35 | 图6-36 |

　　选中需要复制的文本，如图6-37所示。按Ctrl+C组合键，可以将选中的文本复制到剪贴板中。在文本中其他位置单击插入光标，再按Ctrl+V组合键，可以将剪贴板中的文本粘贴到光标所在的位置，效果如图6-38所示。

图6-37

图6-38

　　在文本中的任意位置单击插入光标，效果如图6-39所示。按Ctrl+A组合键，可以将整个文本选中，效果如图6-40所示。

图6-39

图6-40

　　选择"选择"工具，选中需要编辑的文本，单击属性栏中的"编辑文本"按钮，或选择"文本 > 编辑文本"命令，或按Ctrl+Shift+T组合键，弹出"编辑文本"对话框，如图6-41所示。

　　在"编辑文本"对话框中，利用上面的选项可以设置文本的属性，在中间的文本栏中可以输入需要的文本。

　　单击"编辑文本"对话框下面的"选项"按钮，弹出图6-42所示的下拉列表，可以在其中选择需要的选项来完成编辑文本的操作。

　　单击"编辑文本"对话框下面的"导入"按钮，弹出图6-43所示的"导入"对话框，可以将需要的文本导入"编辑文本"对话框的文本栏中。

　　在"编辑文本"对话框中编辑好文本后，单击"确定"按钮，编辑好的文本就会出现在绘图页面中。

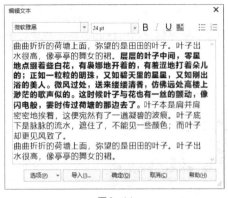

图6-41　　　　　　　　　　图6-42　　　　　　　　　　图6-43

6.1.5　文本导入

有时需要将已编辑好的文本插入页面中，这些编辑好的文本通常是用文本处理软件完成的，使用CorelDRAW 2020的导入功能，可以方便快捷地完成导入文本的操作。

1．使用剪贴板导入文本

可以借助剪贴板在CorelDRAW 2020与文本处理软件之间剪贴文本，一般可以使用的文本处理软件有Word、WPS等。

在使用Word、WPS等软件打开的文件中选中需要的文本，按Ctrl+C组合键，将文本复制到剪贴板。

在CorelDRAW 2020中选择"文本"工具 字 ，在绘图页面中需要插入文本的位置单击，出现"I"形光标。按Ctrl+V组合键，即可将剪贴板中的文本粘贴到光标所在的位置。

在CorelDRAW 2020中选择"文本"工具 字 ，在绘图页面中按住鼠标左键并拖曳，绘制出一个文本框。按Ctrl+V组合键，将剪贴板中的文本粘贴到文本框中。段落文本的导入完成。

选择"编辑 > 选择性粘贴"命令，弹出"选择性粘贴"对话框，如图6-44所示。在对话框中，可以设置文本的导入格式，如图片格式、Word文档格式、纯文本Text格式等，可以根据需要选择不同的文本导入格式。

图6-44

2．使用菜单命令导入文本

选择"文件 > 导入"命令，或按Ctrl+I组合键，弹出"导入"对话框，选择需要导入的文本文件，如图6-45所示，单击"导入"按钮。

弹出"导入/粘贴文本"对话框，如图6-46所示。如果单击"取消"按钮，可以取消文本的导入。若要导入文本，则选择需要的导入方式，单击"OK"按钮。

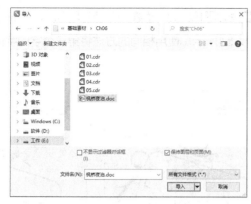

图6-45　　　　　　　　　　　　　　　图6-46

导入文本完成后，鼠标指针变成直角图标，如图6-47所示。按住鼠标左键并拖曳，绘制出文本框，如图6-48所示。松开鼠标左键，导入的文本出现在文本框中，如图6-49所示。如果文本框的大小不合适，可以用鼠标拖曳文本框边框的控制手柄调整文本框的大小，如图6-50所示。

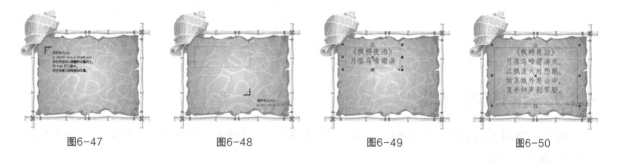

图6-47　　　　　　　　图6-48　　　　　　　　图6-49　　　　　　　　图6-50

提示　如果导入的文本文字太多，绘制的文本框不能容纳这些文字，CorelDRAW 2020会自动增加新页面，并建立相同的文本框，将其余容纳不下的文字放入新文本框，直到全部文本导入完成为止。

6.1.6　字体属性

字体属性的修改方法很简单，下面介绍使用"形状"工具，修改字体属性的方法和技巧。

在绘图页面中输入美术字文本，效果如图6-51所示。选择"形状"工具，每个文字的左下角将出现一个空心节点□，效果如图6-52所示。

图6-51　　　　　　　　图6-52

143

单击第二个字的空心节点□，空心节点□变为黑色实心节点■，如图6-53所示。在属性栏中选择新的字体，第二个字的字体属性被改变，效果如图6-54所示。使用相同的方法将第三个字的字体属性改变，效果如图6-55所示。

图6-53

图6-54

图6-55

6.1.7 复制文本属性

使用复制文本属性的功能可以快速地将具有不同属性的文本设置成具有相同属性的文本。下面具体介绍复制文本属性的方法。

在绘图页面中输入两个具有不同属性的文本，如图6-56所示。选中文本"Best"，如图6-57所示。按住鼠标右键拖曳"Best"文本到"Design"文本上，鼠标指针变为A图标，如图6-58所示。

图6-56

图6-57

图6-58

松开鼠标右键，弹出快捷菜单，选择"复制所有属性"命令，如图6-59所示，即可将"Best"文本的属性复制给"Design"文本，效果如图6-60所示。

图6-59

图6-60

6.1.8 课堂案例——制作台历

案例学习目标 学习使用"文本"工具、"文本"泊坞窗和"制表位"命令制作台历。

案例知识要点 使用"矩形"工具和"复制"命令制作挂环；使用"文本"工具和"制表位"命令制作台历日期；使用"文本"工具和"文本"泊坞窗制作月份；使用"2点线"工具绘制虚线。台历效果如图6-61所示。

效果所在位置 学习资源\Ch06\效果\制作台历.cdr。

图6-61

01 按Ctrl+N组合键，新建一个A4页面。选择"矩形"工具□，在页面中绘制一个矩形，按F11键，弹出"编辑填充"对话框，单击"渐变填充"按钮■，将色带起点颜色的CMYK值设置为0、0、0、10，色带终点颜色的CMYK值设置为0、0、0、40，其他选项的设置如图6-62所示。单击"OK"按钮，填充矩形，并去除矩形的轮廓线，效果如图6-63所示。

02 选择"矩形"工具□，在适当的位置绘制一个矩形，在CMYK调色板中的"50%黑"色块上单击，填充矩形，并去除矩形的轮廓线，效果如图6-64所示。

03 按数字键盘上的+键，复制矩形。选择"选择"工具▶，在按住Shift键的同时，垂直向上拖曳复制得到的矩形到适当的位置；在CMYK调色板中的"10%黑"色块上单击，填充矩形，效果如图6-65所示。

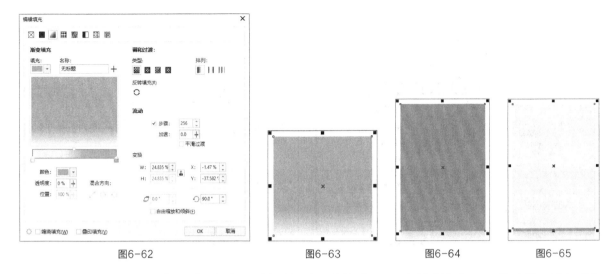

图6-62　　　　　　　　图6-63　　　　　图6-64　　　　　图6-65

04 按Ctrl+I组合键，弹出"导入"对话框，选择学习资源中的"Ch06\素材\制作台历\01"文件，单击"导入"按钮，在页面中单击导入图片。选择"选择"工具 ↖，拖曳图片到适当的位置并调整其大小，效果如图6-66所示。

05 选择"对象 > PowerClip > 置于图文框内部"命令，鼠标指针变为黑色箭头，如图6-67所示。在矩形上单击，将图片置入矩形中，效果如图6-68所示。

图6-66　　　　　　　　　图6-67　　　　　　　　　图6-68

06 选择"矩形"工具 □，在适当的位置绘制一个矩形，填充矩形为黑色，并去除矩形的轮廓线，效果如图6-69所示。再绘制一个矩形，设置颜色的CMYK值为0、0、0、30，填充矩形，并去除矩形的轮廓线，效果如图6-70所示。

07 选择"选择"工具 ↖，选中矩形，将其拖曳到适当的位置并单击鼠标右键，复制矩形，效果如图6-71所示。用圈选的方法将需要的矩形同时选中，按Ctrl+G组合键，群组图形，效果如图6-72所示。将群组图形拖曳到适当的位置并单击鼠标右键，复制图形，效果如图6-73所示。连续按Ctrl+D组合键，复制多个群组图形，效果如图6-74所示。

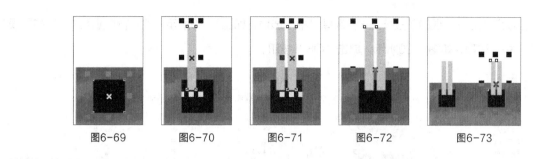

图6-69　　　图6-70　　　图6-71　　　图6-72　　　图6-73

图6-74

08 选择"文本"工具字，在页面空白处按住鼠标左键不放，拖曳鼠标绘制一个文本框，如图6-75所示。选择"文本 > 制表位"命令，弹出"制表位设置"对话框，如图6-76所示。

图6-75

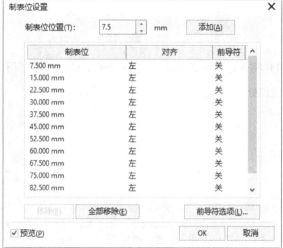

图6-76

09 单击对话框左下角的"全部移除"按钮，清空所有的制表位位置点，如图6-77所示。在对话框中的"制表位位置"中输入数值15，连续单击8次对话框中的"添加"按钮，添加8个位置点，如图6-78所示。

图6-77

图6-78

10 单击各位置点"对齐"项的下拉按钮▼，选择"中"选项，如图6-79所示。将8个位置点的"对齐"项全部选择为"中"选项，如图6-80所示，单击"OK"按钮。

图6-79

图6-80

11 将光标置于文本框中，按Tab键，输入文字"日"，效果如图6-81所示。按Tab键，光标跳到下一个制表位处，输入文字"一"，如图6-82所示。

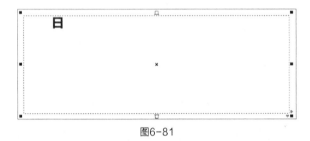
图6-81

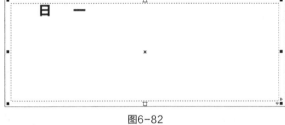
图6-82

12 依次输入其他需要的文字，如图6-83所示。按Enter键，将光标置于下一行，按5次Tab键，输入需要的文字，如图6-84所示。用相同的方法依次输入其他需要的文字，效果如图6-85所示。选中文本框，在属性栏中选择合适的字体并设置文字大小，效果如图6-86所示。

图6-85

图6-86

13 按Ctrl+T组合键，弹出"文本"泊坞窗，单击"段落"按钮，切换到相应的泊坞窗并进行设置，如图6-87所示，按Enter键，文字效果如图6-88所示。

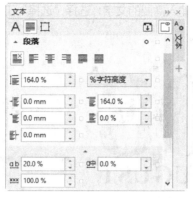

图6-87　　　　　　　　　　　图6-88

14 选择"文本"工具，选中需要的文字，设置颜色的CMYK值为0、100、100、10，填充文字，效果如图6-89所示。选择"选择"工具，向上拖曳文本框下方中间的控制手柄到适当的位置，效果如图6-90所示。

图6-89　　　　　　　　　　　图6-90

15 选择"选择"工具，将文本框拖曳到适当的位置，效果如图6-91所示。选择"文本"工具，在页面中相应位置输入需要的文字；选择"选择"工具，在属性栏中选取适当的字体并设置文字大小，效果如图6-92所示。

16 选择"选择"工具，选中需要的文字。按Alt+Enter组合键，弹出"文本"泊坞窗，单击"段落"按钮，切换到相应的泊坞窗，选项的设置如图6-93所示。按Enter键，文字效果如图6-94所示。设置颜色的CMYK值为0、100、100、20，填充文字，效果如图6-95所示。

图6-91　　　　　　　　　图6-92　　　　　　　　　图6-93

17 选择"文本"工具，在页面中输入需要的文字；选择"选择"工具，在属性栏中选取适当的字体并设置文字大小，效果如图6-96所示。

图6-94　　　　　　　图6-95　　　　　　　图6-96

18 选择"2点线"工具，在按住Shift键的同时，绘制直线，效果如图6-97所示。在属性栏中的"线条样式"下拉列表中选择需要的样式，如图6-98所示，效果如图6-99所示。

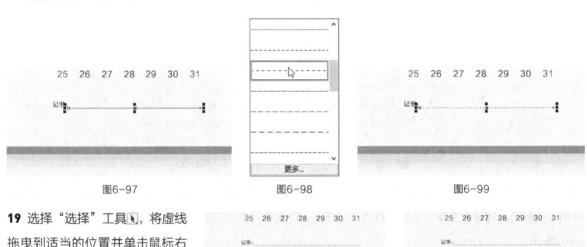

图6-97　　　　　　　图6-98　　　　　　　图6-99

19 选择"选择"工具，将虚线拖曳到适当的位置并单击鼠标右键，复制虚线，效果如图6-100所示。向左拖曳下方虚线左侧中间的控制手柄，调整虚线长度，效果如图6-101所示。

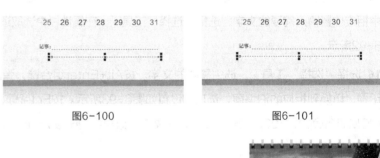

图6-100　　　　　　　图6-101

20 选择"选择"工具，将下方虚线拖曳到适当的位置并单击鼠标右键，复制虚线，效果如图6-102所示。台历制作完成，效果如图6-103所示。

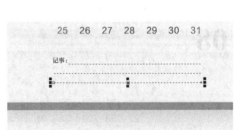

图6-102　　　　　　　图6-103

6.1.9 设置间距

输入文本，效果如图6-104所示。使用"形状"工具选中文本，文本的节点处于编辑状态，如图6-105所示。拖曳图标，可以调整文本中字符的间距；拖曳图标，可以调整文本中行的间距，调整效果如图6-106所示。按键盘上的方向键，可以对文本位置进行微调。

图6-104　　　　　　　　　　图6-105　　　　　　　　　　图6-106

按住Shift键，将第二行文字左下角的节点全部选中，如图6-107所示。将鼠标指针放在其中一个黑色的节点上并拖曳鼠标，如图6-108所示，可以将第二行文字移动到需要的位置，效果如图6-109所示。可以使用相同的方法对单个字进行移动。

图6-107　　　　　　　　　　图6-108　　　　　　　　　　图6-109

> **提示**　单击属性栏中的"文本"按钮，弹出"文本"泊坞窗。在"段落"设置区中，"字符间距"选项用于设置字符的间距，"行间距"选项用于设置行的间距。

6.1.10 设置文本嵌线和上下标

1. 设置文本嵌线

选中需要处理的文本，如图6-110所示。单击属性栏中的"文本"按钮，弹出"文本"泊坞窗，如图6-111所示。

单击"下划线"按钮，在弹出的下拉列表中选择需要的线型，如图6-112所示。文本添加下划线的效果如图6-113所示。

图6-110

图6-111

图6-112

图6-113

选中需要处理的文本，如图6-114所示。在"文本"泊坞窗"字符删除线" ab 无 ▼选项的下拉列表中选择需要的线型，如图6-115所示。文本添加删除线的效果如图6-116所示。

图6-114

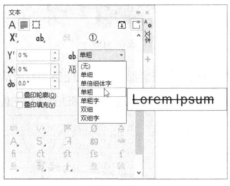
图6-115

图6-116

选中需要处理的文本，如图6-117所示。在"字符上画线" AB 无 ▼选项的下拉列表中选择需要的线型，如图6-118所示。文本添加上画线的效果如图6-119所示。

图6-117

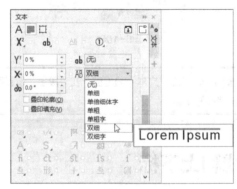
图6-118

图6-119

2. 设置文本上下标

选中需要制作为上标的文本，如图6-120所示。单击属性栏中的"文本"按钮 ，弹出"文本"泊坞窗，如图6-121所示。

单击"位置"按钮 ，在弹出的下拉列表中选择"上标（自动）"选项，如图6-122所示，效果如图6-123所示。

图6-120　　　　　　　　图6-121　　　　　　　　　　图6-122　　　　　　　　图6-123

选中需要制作为下标的文本，如图6-124所示。单击"位置"按钮 $\boxed{X^2}$ ，在弹出的下拉列表中选择"下标（自动）"选项，如图6-125所示，效果如图6-126所示。

图6-124　　　　　　　　　图6-125　　　　　　　　　　图6-126

3. 设置文本的排列方向

选中需要处理的文本，如图6-127所示。在属性栏中，单击"将文本更改为水平方向"按钮 或"将文本更改为垂直方向"按钮 ，可以水平或垂直排列文本，文本垂直排列的效果如图6-128所示。

选择"文本 > 文本"命令，弹出"文本"泊坞窗，在"图文框"设置区中，单击"将文本更改为水平方向"按钮 或"将文本更改为垂直方向"按钮 ，可以设置文本的排列方向，如图6-129所示。

图6-127　　　　　　　　图6-128　　　　　　　　　　图6-129

6.1.11 设置制表位和制表符

1. 设置制表位

选择"文本"工具，在绘图页面中绘制一个文本框，上方的标尺上出现多个制表"L"形滑块，这些滑块就是制表符，如图6-130所示。选择"文本 > 制表位"命令，弹出"制表位设置"对话框，如图6-131所示，在对话框中可以进行制表位的设置。

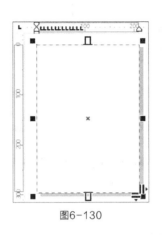

图6-130

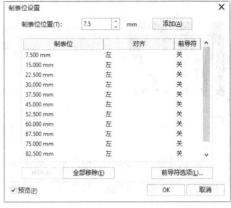

图6-131

在数值框中输入数值或调整数值，可以设置制表位的距离，如图6-132所示。

在"制表位设置"对话框中，单击"对齐"选项，出现制表位对齐方式下拉列表，在其中可以设置字符出现在制表位上的位置，如图6-133所示。

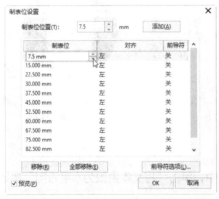

图6-132

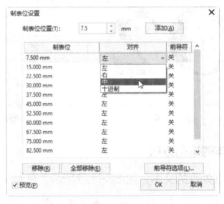

图6-133

在"制表位设置"对话框中，选中一个制表位，单击"移除"按钮，可以删除该制表位。单击"添加"按钮，可以增加制表位。设置好制表位后，单击"OK"按钮，可以完成制表位的设置。

提示 在文本框中插入光标，按Tab键，每按一次Tab键，插入的光标就会按设置的制表位移动。

2. 设置制表符

选择"文本"工具，在绘图页面中绘制一个文本框，效果如图6-134所示。

出现的制表符如图6-135所示。在任意一个制表符上单击鼠标右键，弹出快捷菜单，在快捷菜单中可以选择该制表符的对齐方式，如图6-136所示，也可以对网格、标尺和准线进行设置。

在上方的标尺上拖曳制表符，可以将制表符移动到需要的位置，效果如图6-137所示。在标尺上的任意位置单击，可以添加一个制表符，效果如图6-138所示。将某个制表符拖曳到标尺外，可以删除该制表符。

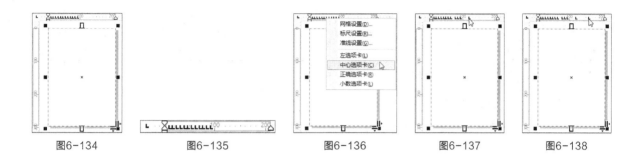

图6-134　　　　　图6-135　　　　　图6-136　　　　　图6-137　　　　　图6-138

6.2 文本效果

在CorelDRAW 2020中，可以根据设计制作任务的需要，制作多种文本效果。下面具体讲解文本效果的制作。

6.2.1 课堂案例——制作美食杂志内页

案例学习目标 学习使用"文本"工具、"栏"命令和插入字符命令制作美食杂志内页。

案例知识要点 使用"导入"命令导入素材图片；使用"文本"工具、"文本"泊坞窗添加内页文字；使用"栏"命令制作文字分栏效果；使用插入字符命令添加字符。美食杂志内页效果如图6-139所示。

效果所在位置 学习资源\Ch06\效果\制作美食杂志内页.cdr。

图6-139

01 按Ctrl+N组合键，弹出"创建新文档"对话框，设置文档的宽度为420mm，高度为285mm，方向为横向，色彩模式为CMYK，分辨率为300dpi，单击"OK"按钮，创建一个文档。

02 选择"布局 > 页面大小"命令，弹出"选项"对话框，选择"页面尺寸"选项，将"出血"选项设置为3，勾选"显示出血区域"复选框，如图6-140所示。单击"OK"按钮，页面效果如图6-141所示。

图6-140   图6-141

03 选择"查看 > 标尺"命令，在页面中显示标尺。选择"选择"工具，从左侧标尺上拖曳一条垂直辅助线，在属性栏中将"X"选项设置为210mm。按Enter键，如图6-142所示。

04 选择"矩形"工具，在页面中绘制一个矩形，设置颜色的CMYK值为15、0、5、0，填充图形，并去除图形的轮廓线，效果如图6-143所示。

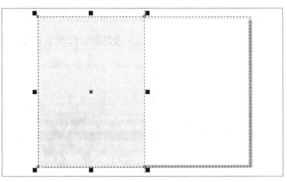

图6-142   图6-143

05 按Ctrl+I组合键，弹出"导入"对话框，选择学习资源中的"Ch06\素材\制作美食杂志内页\01、02"文件，单击"导入"按钮，在页面中分别单击导入图片。选择"选择"工具，分别拖曳图片到适当的位置，并调整其大小，效果如图6-144所示。

06 选择"文本"工具，在页面中输入需要的文字，选择"选择"工具，在属性栏中选取适当的字体并设置文字大小，效果如图6-145所示。设置颜色的CMYK值为60、0、20、20，填充文字，效果如图6-146所示。

图6-144　　　　　　　　　　　图6-145　　　　　　　　　　　图6-146

07 选择"文本"工具，在适当的位置添加一个文本框，如图6-147所示。在文本框中输入需要的文字，在属性栏中选取适当的字体并设置文字大小，效果如图6-148所示。

图6-147　　　　　　　　　　　　　　　　图6-148

08 按Ctrl+T组合键，弹出"文本"泊坞窗，单击"两端对齐"按钮，相关选项的设置如图6-149所示。按Enter键，效果如图6-150所示。

图6-149　　　　　　　　　　　　　　　图6-150

09 选择"文本 > 栏"命令，弹出"栏设置"对话框，各选项的设置如图6-151所示。单击"OK"按钮，效果如图6-152所示。

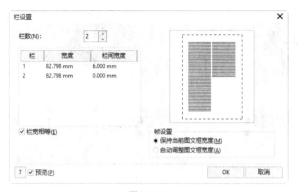

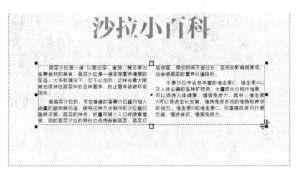

图6-151   图6-152

10 按Ctrl+I组合键，弹出"导入"对话框，选择学习资源中的"Ch06\素材\制作美食杂志内页\03"文件，单击"导入"按钮，在页面中单击导入图片。选择"选择"工具，拖曳图片到适当的位置，效果如图6-153所示。

11 选择"矩形"工具，在页面中绘制一个矩形，如图6-154所示。在属性栏中设置"转角半径"选项，如图6-155所示。按Enter键，效果如图6-156所示。

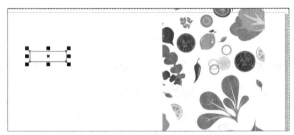

图6-153   图6-154

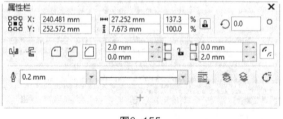

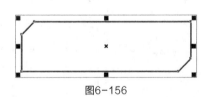

图6-155   图6-156

12 保持矩形的选中状态。设置颜色的CMYK值为15、0、5、0，填充矩形，并去除矩形的轮廓线，效果如图6-157所示。

13 选择"文本"工具 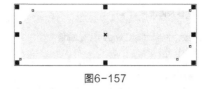，在适当的位置输入需要的文字，选择"选择"工具 ，在属性栏中选取适当的字体并设置文字大小，效果如图6-158所示。

图6-157

图6-158

14 选择"文本"工具 ，在适当的位置添加一个文本框，如图6-159所示。在文本框中输入需要的文字，在属性栏中选取适当的字体并设置文字大小，效果如图6-160所示。

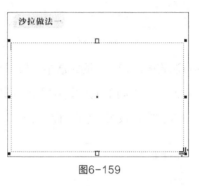

图6-159

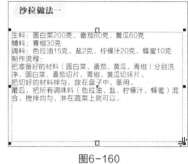

图6-160

15 在"文本"泊坞窗中，单击"左对齐"按钮 ，各选项的设置如图6-161所示。按Enter键，效果如图6-162所示。选择"文本"工具 ，选中文字"制作流程："，在属性栏中选取适当的字体，效果如图6-163所示。

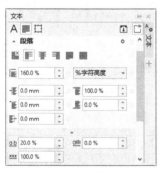

图6-161

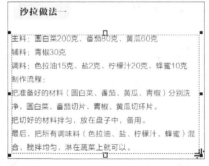

图6-162

图6-163

16 选择"文本"工具 ，在文字"把"左侧单击插入光标，如图6-164所示。选择"文本 > 字形"命令，弹出"字形"泊坞窗，在泊坞窗中选择需要的字符，如图6-165所示。双击选中的字符，插入该字符，效果如图6-166所示。

图6-164

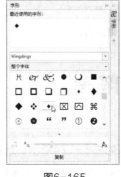

图6-165

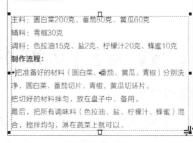

图6-166

17 在插入的字符后面，连续按两次空格键，插入两个空格，如图6-167所示。用相同的方法在下方段落插入相同的字符和空格，效果如图6-168所示。

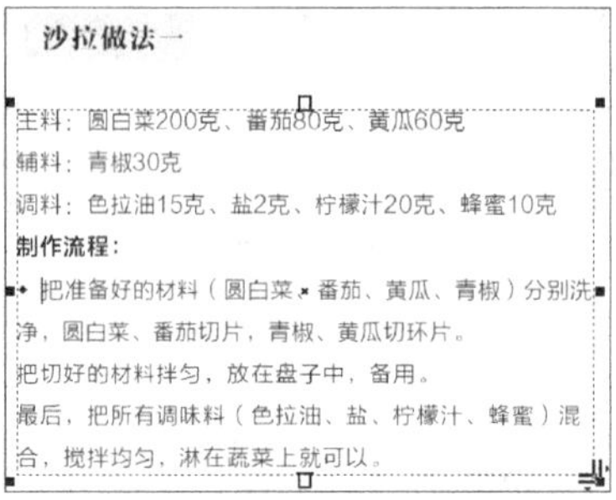

沙拉做法一

主料：圆白菜200克、番茄80克、黄瓜60克
辅料：青椒30克
调料：色拉油15克、盐2克、柠檬汁20克、蜂蜜10克
制作流程：
▪ 把准备好的材料（圆白菜、番茄、黄瓜、青椒）分别洗净，圆白菜、番茄切片，青椒、黄瓜切环片。
把切好的材料拌匀，放在盘子中，备用。
最后，把所有调味料（色拉油、盐、柠檬汁、蜂蜜）混合，搅拌均匀，淋在蔬菜上就可以。

图6-167

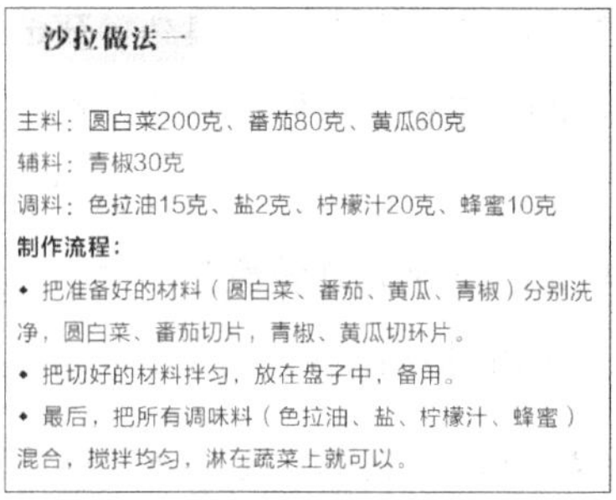

沙拉做法一

主料：圆白菜200克、番茄80克、黄瓜60克
辅料：青椒30克
调料：色拉油15克、盐2克、柠檬汁20克、蜂蜜10克
制作流程：
▪ 把准备好的材料（圆白菜、番茄、黄瓜、青椒）分别洗净，圆白菜、番茄切片，青椒、黄瓜切环片。
▪ 把切好的材料拌匀，放在盘子中，备用。
▪ 最后，把所有调味料（色拉油、盐、柠檬汁、蜂蜜）混合，搅拌均匀，淋在蔬菜上就可以。

图6-168

18 选择"选择"工具▮，用圈选的方法将图形和文字同时选中，如图6-169所示。按数字键盘上的+键，复制图形和文字。在按住Shift键的同时，垂直向下拖曳复制得到的图形和文字到适当的位置，效果如图6-170所示。选择"文本"工具▮，修改文字，效果如图6-171所示。

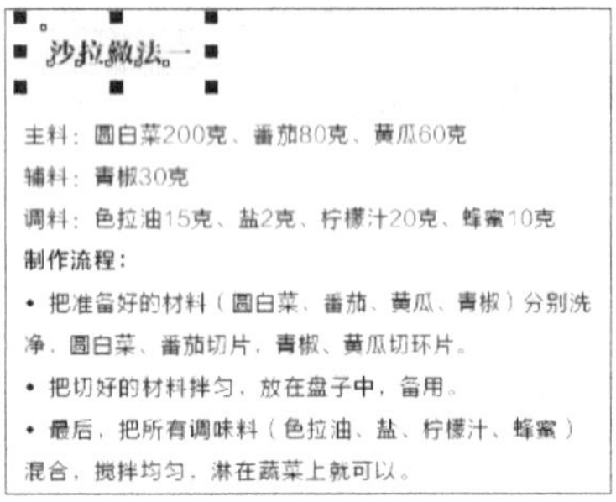

沙拉做法一

主料：圆白菜200克、番茄80克、黄瓜60克
辅料：青椒30克
调料：色拉油15克、盐2克、柠檬汁20克、蜂蜜10克
制作流程：
▪ 把准备好的材料（圆白菜、番茄、黄瓜、青椒）分别洗净，圆白菜、番茄切片，青椒、黄瓜切环片。
▪ 把切好的材料拌匀，放在盘子中，备用。
▪ 最后，把所有调味料（色拉油、盐、柠檬汁、蜂蜜）混合，搅拌均匀，淋在蔬菜上就可以。

图6-169

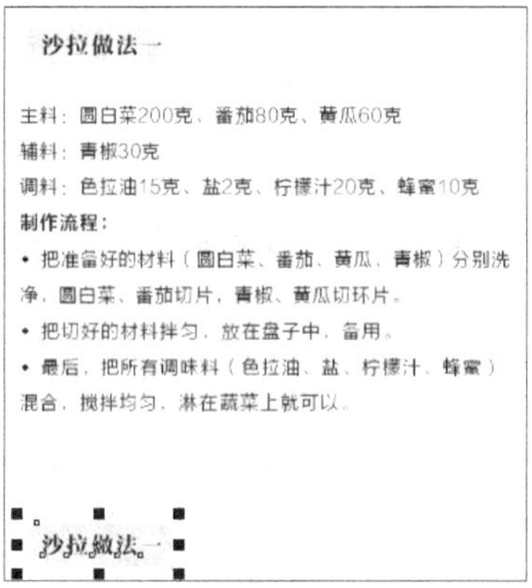

沙拉做法一

主料：圆白菜200克、番茄80克、黄瓜60克
辅料：青椒30克
调料：色拉油15克、盐2克、柠檬汁20克、蜂蜜10克
制作流程：
▪ 把准备好的材料（圆白菜、番茄、黄瓜、青椒）分别洗净，圆白菜、番茄切片，青椒、黄瓜切环片。
▪ 把切好的材料拌匀，放在盘子中，备用。
▪ 最后，把所有调味料（色拉油、盐、柠檬汁、蜂蜜）混合，搅拌均匀，淋在蔬菜上就可以。

沙拉做法一

图6-170

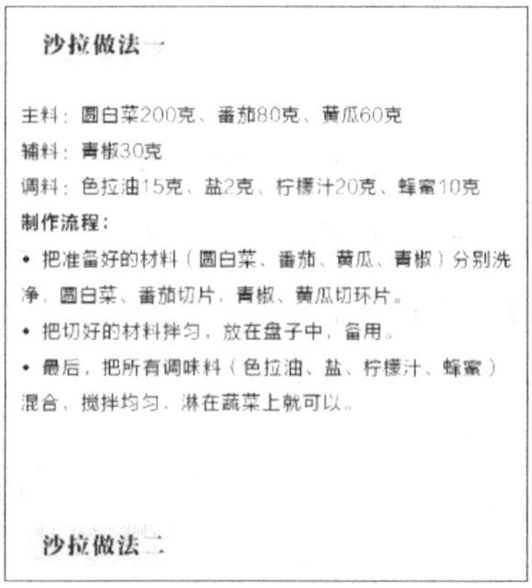

沙拉做法一

主料：圆白菜200克、番茄80克、黄瓜60克
辅料：青椒30克
调料：色拉油15克、盐2克、柠檬汁20克、蜂蜜10克
制作流程：
▪ 把准备好的材料（圆白菜、番茄、黄瓜、青椒）分别洗净，圆白菜、番茄切片，青椒、黄瓜切环片。
▪ 把切好的材料拌匀，放在盘子中，备用。
▪ 最后，把所有调味料（色拉油、盐、柠檬汁、蜂蜜）混合，搅拌均匀，淋在蔬菜上就可以。

沙拉做法二

图6-171

19 用相同的方法制作其他文字，效果如图6-172所示。美食杂志内页制作完成，效果如图6-173所示。

图6-172

图6-173

6.2.2 设置首字下沉和项目符号

1. 设置首字下沉

在绘图页面中打开一个段落文本，效果如图6-174所示。选择"文本 > 首字下沉"命令，弹出"首字下沉"对话框，勾选"使用首字下沉"复选框，其他选项的设置如图6-175所示。

单击"OK"按钮，各段落首字下沉效果如图6-176所示。勾选"首字下沉使用悬挂式缩进"复选框，单击"OK"按钮，悬挂式缩进首字下沉效果如图6-177所示。

图6-174

图6-175

图6-176

图6-177

2. 设置项目符号

在绘图页面中打开一个段落文本，效果如图6-178所示。选择"文本 > 项目符号和编号"命令，弹出"项目符号和编号"对话框，勾选"列表"复选框，选择"项目符号"单选项，如图6-179所示。

图6-178

图6-179

在对话框"类型"设置区的"字体"选项中可以设置字体的类型，在"字形"选项中可以设置项目符号样式；在"大小和间距"设置区的"大小"选项中可以设置字符的大小，在"基线位移"选项中可以设置基线的距离，在"到列表文本的字形"选项中可以设置字形符号与文本之间的距离，在"文本框到列表"选项中可以设置文本框与字形符号之间的距离。

设置需要的选项，如图6-180所示。单击"OK"按钮，段落文本中添加项目符号，效果如图6-181所示。

图6-180

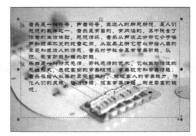
图6-181

在段落文本中需要另起一段的位置插入光标，如图6-182所示。按Enter键，项目符号会自动添加在新段落的前面，效果如图6-183所示。

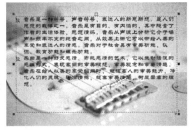

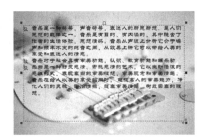

图6-182   图6-183

6.2.3 文本绕路径

选择"文本"工具，在绘图页面中输入美术字文本，使用"椭圆形"工具○绘制一个椭圆路径，选中美术字文本，效果如图6-184所示。

选择"文本 > 使文本适合路径"命令，鼠标指针变为图标，将其放在椭圆路径上，文本自动绕路径排列，如图6-185所示。单击确定，效果如图6-186所示。

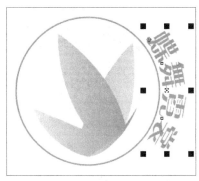

图6-184   图6-185   图6-186

选中绕路径排列的文本，如图6-187所示。属性栏如图6-188所示。

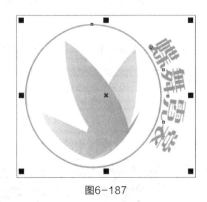

图6-187   图6-188

在属性栏中可以设置"文字方向""与路径的距离""偏移"选项，设置这些选项可以产生多种文本绕路径的效果，如图6-189所示。

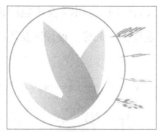

图6-189

6.2.4 对齐文本

选择"文本"工具，在绘图页面中输入段落文本，单击属性栏中的"文本对齐"按钮，弹出其下拉列表，其中共有6种文本对齐方式，如图6-190所示。

选择"文本 > 文本"命令，弹出"文本"泊坞窗，单击"段落"按钮，切换到相应的泊坞窗，单击右上方的按钮，在弹出的下拉列表中选择"调整"选项，弹出"间距设置"对话框，在对话框中可以选择文本的对齐方式，如图6-191所示。"水平对齐"下拉列表中各选项的含义如下。

"无"：它是CorelDRAW 2020默认的文本对齐方式。选择该选项将不对文本产生影响，文本可以自由地变换，但无对齐方式时，文本的边界会参差不齐。

"左"选项：选择"左"选项后，段落文本会以文本框的左边界对齐。

"中"选项：选择"中"选项后，段落文本会在文本框中居中。

"右"选项：选择"右"选项后，段落文本会以文本框的右边界对齐。

"全部调整"选项：选择"全部调整"选项后，段落文本会同时对齐文本框的左右边界。

"强制调整"选项：选择"强制调整"选项后，可以对段落文本的所有格式进行调整。

选中进行过移动调整的文本，如图6-192所示。选择"文本 > 对齐至基线"命令，可以将文本重新对齐，效果如图6-193所示。

图6-190

图6-191

图6-192

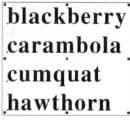

图6-193

6.2.5 内置文本

选择"文本"工具，在绘图页面中输入美术字文本，使用"贝塞尔"工具绘制一个图形，选中美术字文本，效果如图6-194所示。

按住鼠标右键拖曳美术字文本到图形内，当鼠标指针变为十字形圆环图标时，松开鼠标右键，弹出快捷菜单，选择"内置文本"命令，如图6-195所示。文本被置入图形内，美术字文本自动转换为段落文本，效果如图6-196所示。选择"文本 > 段落文本框 > 使文本适合框架"命令，使段落文本和图形基本适配，效果如图6-197所示。

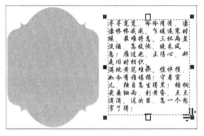
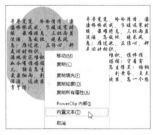

图6-194　　　　　　　　图6-195　　　　　　　　图6-196　　　　　　　　图6-197

6.2.6 段落文本的连接

在文本框中，经常出现文本被遮住而不能完全显示的问题，如图6-198所示。可以通过调整文本框的大小来使文本完全显示，也可以通过多个文本框的连接来使文本完全显示。

选择"文本"工具字，单击文本框下部的▽图标，鼠标指针变为圙图标，在页面中按住鼠标左键不放，沿对角线拖曳鼠标，绘制一个新的文本框，如图6-199所示。松开鼠标左键，新绘制的文本框会显示出被遮住的文字，效果如图6-200所示。拖曳文本框到适当的位置，如图6-201所示。

图6-198　　　　　　　　　　　　　　　图6-199

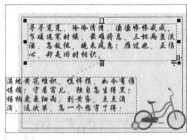
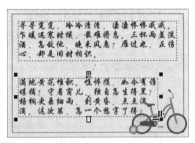

图6-200　　　　　　　　　　　　　　　图6-201

6.2.7 段落分栏

选中一个段落文本，如图6-202所示。选择"文本 > 栏"命令，弹出"栏设置"对话框，将"栏数"选项设置为2，"栏间宽度"设置为8mm，如图6-203所示。设置好后，单击"OK"按钮，段落文本被分为两栏，效果如图6-204所示。

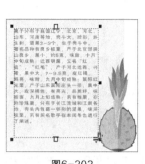

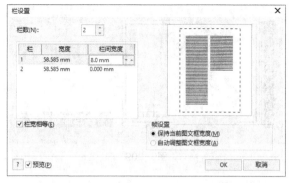

图6-202　　　　　　　　　　　　　　　　　　图6-203　　　　　　　　　　　　　　　　　　图6-204

6.2.8　文本绕图

CorelDRAW 2020提供了多种文本绕图的形式，应用好文本绕图可以使作品更加生动美观。

选中需要文本绕图的位图，如图6-205所示。在属性栏中单击"文本换行"按钮圈，在弹出的下拉列表中选择需要的文本绕图方式，如图6-206所示。文本绕图效果如图6-207所示。

在属性栏中单击"文本换行"按钮圈，在弹出的下拉列表中可以设置换行样式，在"文本换行偏移"选项的数值框中可以设置文本换行偏移距离，如图6-208所示。

图6-205　　　　　　　　　　图6-206　　　　　　　　　　图6-207　　　　　　　　　　图6-208

6.2.9　课堂案例——制作女装Banner广告

案例学习目标　学习使用"文本"工具、"转换为曲线"命令制作女装Banner广告。

案例知识要点　使用"文本"工具、"文本"泊坞窗添加标题文字；使用"转换为曲线"命令、"形状"工具、"多边形"工具编辑标题文字。女装Banner广告效果如图6-209所示。

效果所在位置　学习资源\Ch06\效果\制作女装Banner广告.cdr。

图6-209

01 按Ctrl+N组合键，弹出"创建新文档"对话框，设置文档的宽度为750px，高度为360px，方向为横向，色彩模式为RGB，分辨率为72dpi，单击"OK"按钮，创建一个文档。

02 双击"矩形"工具按钮▢，绘制一个与页面大小相等的矩形，如图6-210所示。设置颜色的RGB值为255、132、0，填充图形，并去除图形的轮廓线，效果如图6-211所示。

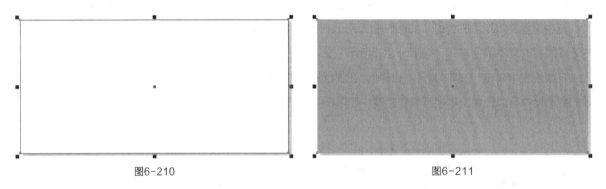

图6-210   图6-211

03 选择"矩形"工具▢，在适当的位置绘制一个矩形，如图6-212所示。填充图形为白色，并在属性栏的"轮廓宽度" ▢ 1.0 px ▾ 中设置数值为2px，按Enter键，效果如图6-213所示。

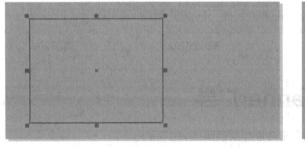 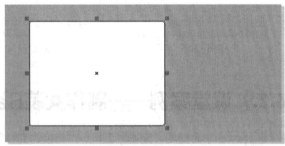

图6-212   图6-213

04 按数字键盘上的+键，复制矩形。拖曳复制得到的矩形到适当位置，效果如图6-214所示。用相同的方法再绘制一个矩形，并填充相应的颜色，效果如图6-215所示。

05 按Ctrl+I组合键，弹出"导入"对话框，选择学习资源中的"Ch06\素材\制作女装Banner广告\01、02"文件，单击"导入"按钮，在页面中分别单击导入图片。选择"选择"工具▨，分别拖曳图片到适当的位置，并调整其大小，效果如图6-216所示。

06 选择"文本"工具 ，在页面中输入需要的文字；选择"选择"工具 ，在属性栏中选取适当的字体并设置文字大小，填充文字为白色，效果如图6-217所示。

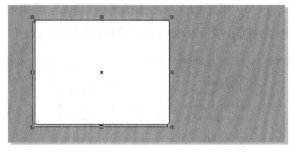

图6-214

图6-215

图6-216

图6-217

07 选择"文本 > 文本"命令，在弹出的"文本"泊坞窗中进行设置，如图6-218所示。按Enter键，效果如图6-219所示。

图6-218

图6-219

08 按Ctrl+Q组合键，将文本转换为曲线，如图6-220所示。选择"形状"工具 ，在按住Shift键的同时，用圈选的方法将需要的节点同时选中，效果如图6-221所示。按Delete键，删除选中的节点，如图6-222所示。

图6-220

图6-221

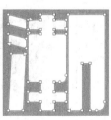

图6-222

09 选择"多边形"工具⬡，属性栏中的设置如图6-223所示。在适当的位置绘制一个三角形，如图6-224所示。

10 保持图形的选中状态。设置颜色的RGB值为255、132、0，填充图形，并去除图形的轮廓线，效果如图6-225所示。在属性栏的"旋转角度"⟳ 0.0 °中设置数值为90，按Enter键，效果如图6-226所示。

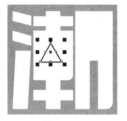
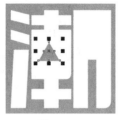

图6-223　　　　　　　图6-224　　　　　　图6-225　　　　　　图6-226

11 选择"形状"工具，选中文字"流"，编辑状态如图6-227所示。在不需要的节点上双击，删除节点，效果如图6-228所示。用相同的方法调整其他文字的节点和控制线，效果如图6-229所示。

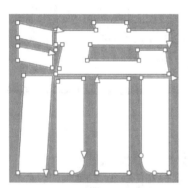
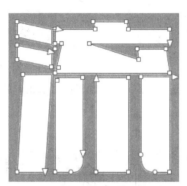

图6-227　　　　　　　　图6-228　　　　　　　　图6-229

12 选择"矩形"工具□，在适当的位置绘制一个矩形，填充图形为黑色，并去除图形的轮廓线，效果如图6-230所示。

13 选择"文本"工具，在适当的位置输入需要的文字。选择"选择"工具，在属性栏中选取适当的字体并设置文字大小。在RGB调色板中的"黄"色块上单击，填充文字，效果如图6-231所示。

图6-230　　　　　　　　　　　　　图6-231

14 按Ctrl+I组合键，弹出"导入"对话框，选择学习资源中的"Ch06\素材\制作女装Banner广告\03"文件，单击"导入"按钮，在页面中单击导入图形和文字。选择"选择"工具▶，拖曳图形和文字到适当的位置，效果如图6-232所示。女装Banner广告制作完成，效果如图6-233所示。

图6-232　　　　　　　　　　　　　　　　　　图6-233

6.2.10　插入字符

选择"文本"工具字，在文本中需要插入字符的位置单击插入光标，如图6-234所示。选择"文本 > 字形"命令，或按Ctrl+F11组合键，弹出"字形"泊坞窗，在需要的字符上双击，或选中需要的字符后单击"复制"按钮，如图6-235所示，然后在页面中粘贴即可。字符插入文本中的效果如图6-236所示。

图6-234　　　　　　　　　　　　图6-235　　　　　　　　　　　　图6-236

6.2.11　将文本转换为曲线

使用CorelDRAW 2020编辑好美术字文本后，通常需要把美术字文本转换为曲线。转换后既可以对文本进行任意变形，还可以保证转换为曲线后的文本对象不会丢失其文本格式。具体操作步骤如下。

使用"选择"工具▶选中文本，如图6-237所示。选择"对象 > 转换为曲线"命令，或按Ctrl+Q组合键，将文本转换为曲线，如图6-238所示。可用"形状"工具▶对曲线进行编辑，并修改曲线的形状。

图6-237　　　　　　图6-238

6.2.12 创建文字

使用CorelDRAW 2020的独特功能，可以轻松地创建出自己需要的文字，下面介绍具体的创建方法。

使用"文本"工具输入两个具有创建文字所需偏旁的文字，如图6-239所示。用"选择"工具选中文字，效果如图6-240所示。按Ctrl+Q组合键，将文字转换为曲线，效果如图6-241所示。

图6-239　　　　　　　　　图6-240　　　　　　　　　图6-241

按Ctrl+K组合键，将转换为曲线的文字打散，使用"选择"工具选中所需偏旁，将其移动到创建文字的位置，如图6-242所示。用同样的方法移动另一个偏旁，进行组合，效果如图6-243所示。

组合好新文字后，用"选择"工具选中新文字，按Ctrl+G组合键，将新文字群组，如图6-244所示。新文字就制作完成了，效果如图6-245所示。

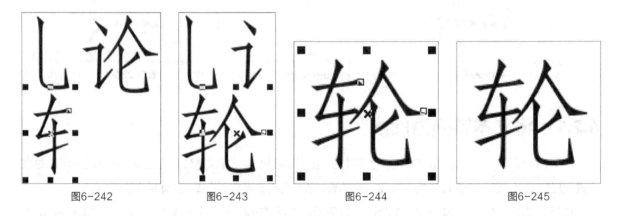

图6-242　　　　　　图6-243　　　　　　图6-244　　　　　　图6-245

课堂练习——制作咖啡招贴

练习知识要点 使用"导入"命令和"PowerClip"命令制作背景效果；使用"矩形"工具和"复制"命令绘制装饰图形；使用"文本"工具和"文本"泊坞窗添加宣传文字。效果如图6-246所示。

效果所在位置 学习资源\Ch06\效果\制作咖啡招贴.cdr。

图6-246

课后习题——制作蜂蜜广告

习题知识要点 使用"文本"工具输入标题文字；使用"转换为曲线"命令将文字转换为曲线，使用"贝塞尔"工具绘制图形；使用"手绘工具"绘制直线。效果如图6-247所示。

效果所在位置 学习资源\Ch06\效果\制作蜂蜜广告.cdr。

图6-247

第 7 章

编辑位图

本章介绍

CorelDRAW 2020提供了强大的位图编辑功能。本章将介绍
导入和转换位图、位图滤镜的使用等知识。通过学习本章内
容，读者可以了解并掌握如何应用CorelDRAW 2020的强大
功能来处理和编辑位图。

学习目标

●掌握位图的导入和转换方法。

●掌握运用特效滤镜编辑和处理位图的方法。

技能目标

●掌握"课程公众号封面首图"的制作方法。

7.1 导入位图和转换为位图

CorelDRAW 2020提供了导入位图和将矢量图转换为位图的功能。下面介绍导入位图和转换为位图的具体操作方法。

7.1.1 导入位图

选择"文件 > 导入"命令，或按Ctrl+I组合键，弹出"导入"对话框，在对话框左侧的列表框中选择需要的文件夹，在文件夹中选中需要的位图文件，如图7-1所示。

选中需要的位图文件后，单击"导入"按钮，鼠标指针变为┏┓图标，如图7-2所示。在绘图页面中单击，位图被导入绘图页面中，如图7-3所示。

图7-1

图7-2

图7-3

7.1.2 转换为位图

CorelDRAW 2020提供了将矢量图转换为位图的功能。下面介绍具体的操作方法。

打开一个矢量图并保持其选中状态，选择"位图 > 转换为位图"命令，弹出"转换为位图"对话框，如图7-4所示。

分辨率：在弹出的下拉列表中选择要转换为位图的分辨率。

颜色模式：在弹出的下拉列表中选择要转换为的色彩模式。

光滑处理：可以在转换成位图后消除位图的锯齿。

透明背景：可以在转换成位图后保留原对象的通透性。

图7-4

7.2 使用滤镜

　　CorelDRAW 2020提供了多种滤镜，用于对位图进行各种效果的处理。灵活使用位图的滤镜，可以为设计的作品增色不少。下面具体介绍滤镜的使用方法。

7.2.1 课堂案例——制作课程公众号封面首图

案例学习目标 学习使用编辑位图命令和"文本"工具制作课程公众号封面首图。

案例知识要点 使用"导入"命令、"点彩派"命令和"添加杂点"命令添加和编辑背景图片；使用"亮度/对比度/强度"命令调整图片色调；使用"矩形"工具和"置于图文框内部"命令制作PowerClip效果；使用"文本"工具添加宣传文字。课程公众号封面首图效果如图7-5所示。

效果所在位置 学习资源\Ch07\效果\制作课程公众号封面首图.cdr。

图7-5

01 按Ctrl+N组合键，弹出"创建新文档"对话框，设置文档的宽度为900px，高度为383px，方向为横向，色彩模式为RGB，分辨率为72dpi，单击"OK"按钮，创建一个文档。

02 按Ctrl+I组合键，弹出"导入"对话框，选择学习资源中的"Ch07\素材\制作课程公众号封面首图\01"文件，单击"导入"按钮，在页面中单击导入图片。选择"选择"工具 ，拖曳图片到适当的位置，效果如图7-6所示。

03 选择"效果 > 艺术笔触 > 点彩派"命令，在弹出的对话框中进行设置，如图7-7所示。单击"OK"按钮，效果如图7-8所示。

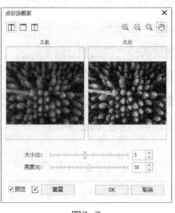

图7-6　　　　　　　　　　　图7-7　　　　　　　　　　　图7-8

04 选择"效果 > 杂点 > 添加杂点"命令，在弹出的对话框中进行设置，如图7-9所示。单击"OK"按钮，效果如图7-10所示。

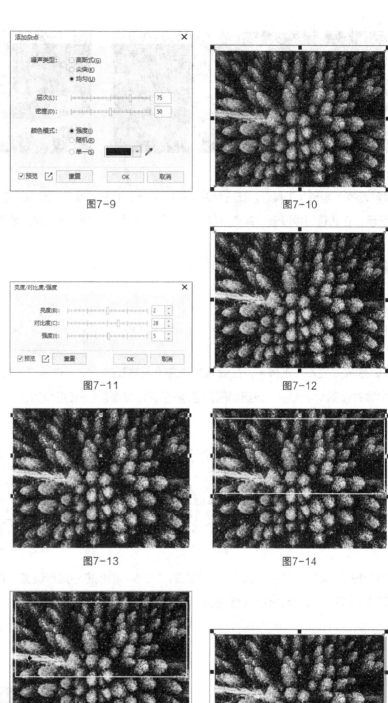

图7-9　　　　　　　　图7-10

05 选择"效果 > 调整 > 亮度/对比度/强度"命令，在弹出的对话框中进行设置，如图7-11所示。单击"OK"按钮，效果如图7-12所示。

图7-11　　　　　　　　图7-12

06 双击"矩形"工具按钮▢，绘制一个与页面大小相等的矩形，如图7-13所示。按Shift+PageUp组合键，将矩形移至最前面，效果如图7-14所示。（为了方便读者观看，这里矩形以白色显示。）

图7-13　　　　　　　　图7-14

07 选择"选择"工具▷，选中下方风景图片，选择"对象 > PowerClip > 置于图文框内部"命令，鼠标指针变为黑色箭头，在矩形中单击，如图7-15所示。将风景图片置入矩形中，并去除矩形的轮廓线，效果如图7-16所示。

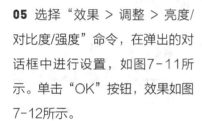

图7-15　　　　　　　　图7-16

08 选择"文本"工具，在页面中输入需要的文字；选择"选择"工具▷，在属性栏中分别选取适当的字体并设置文字大小，填充文字为白色，效果如图7-17所示。选择"文本"工具，选中英文字母"PS"，在属性栏中选取适当的字体，效果如图7-18所示。

图7-17 图7-18

09 选择"矩形"工具□，在适当的位置绘制一个矩形，填充矩形为白色，并去除矩形的轮廓线，如图7-19所示。在属性栏中设置"转角半径"，如图7-20所示。按Enter键，效果如图7-21所示。

图7-19 图7-20 图7-21

10 选择"文本"工具，在适当的位置输入需要的文字；选择"选择"工具，在属性栏中选取适当的字体并设置文字大小，效果如图7-22所示。设置颜色的RGB值为0、51、51，填充文字，效果如图7-23所示。

图7-22 图7-23

11 选择"文本 > 文本"命令，在弹出的"文本"泊坞窗中进行设置，如图7-24所示。按Enter键，效果如图7-25所示。课程公众号封面首图制作完成，效果如图6-26所示。

图7-24 图7-25 图7-26

7.2.2　三维效果

选中导入的位图，选择"效果 > 三维效果"命令，打开的"三维效果"子菜单如图7-27所示。CorelDRAW 2020提供了6种不同的三维效果，下面介绍其中常用的三维效果。

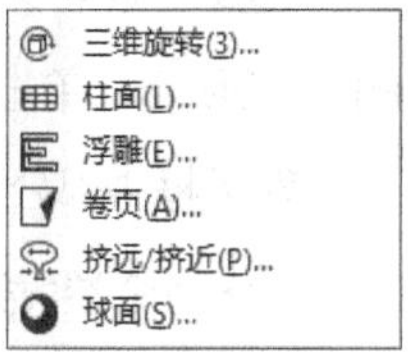

图7-27

1. 三维旋转

选择"效果 > 三维效果 > 三维旋转"命令，弹出"三维旋转"对话框，单击对话框中的 按钮，显示对照预览窗口，如图7-28所示。上方窗口显示的是位图原始效果，下方窗口显示的是完成各项设置后的位图效果。

对话框中部分选项、按钮等的含义如下。

：拖曳该图标，可以设定图像的旋转角度。

"垂直"选项：可以设置绕垂直轴旋转的角度。

"水平"选项：可以设置绕水平轴旋转的角度。

图7-28

"最适合"复选框：勾选该复选框后，经过三维旋转后的位图尺寸将接近原来的位图尺寸。

"预览"复选框：勾选该复选框后，可以预览设置后的图像三维旋转效果。

重置：对所有参数重新设置。

：全屏预览完成各项设置之前和之后的图像。

：全屏预览完成各项设置后的图像。

：拆分预览完成各项设置之前和之后的图像。

／：放大或缩小显示图像。

：显示适合窗口大小的图像。

：可以拖动、平移图像。

2. 柱面

选择"效果 > 三维效果 > 柱面"命令，弹出"Cylinder"对话框，如图7-29所示，单击对话框中的 按钮，显示对照预览窗口。

对话框中部分选项的含义如下。

"柱面模式"选项：可以选择"水平"或"垂直的"模式。

"百分比"选项：可以设置"水平"或"垂直的"模式的百分比。

图7-29

3. 卷页

选择“效果 > 三维效果 > 卷页”命令，弹出“卷页”对话框，如图7-30所示，单击对话框中的按钮，显示对照预览窗口。

卷页
方向：
垂直的(E)
水平(H)
纸：
不透明(O)
透明的(T)
卷曲度：(C):
背景颜色：(B):
宽度(W):
50
%
高度(I):
50
%
预览
重置
OK
取消

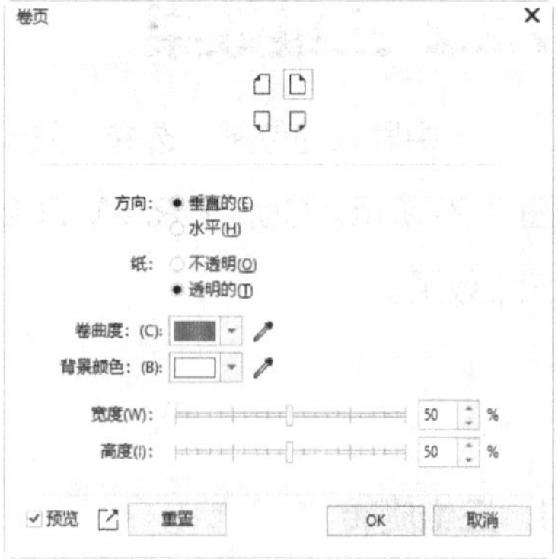

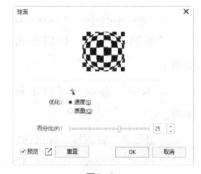

图7-30

对话框中部分选项、按钮的含义如下。

：4个卷页类型按钮，可以设置位图卷起页角的位置。

“方向”选项：选择“垂直的”或“水平”选项，可以设置卷页效果的卷起边缘。

“纸”选项：“不透明”和“透明的”两个选项用于设置卷页部分是否透明。

“卷曲度”选项：可以设置卷页的颜色。

“背景颜色”选项：可以设置卷页的背景颜色。

“宽度”选项：可以设置卷页的宽度。

“高度”选项：可以设置卷页的高度。

4. 球面

选择“效果 > 三维效果 > 球面”命令，弹出“球面”对话框，如图7-31所示，单击对话框中的按钮，显示对照预览窗口。

球面
优化：
速度(S)
质量(Q)
百分比(P):
25
预览
重置
OK
取消

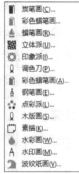

图7-31

对话框中部分选项、按钮的含义如下。

“优化”选项：可以选择“速度”或“质量”选项。

“百分比”选项：可以控制位图球面化的程度。

：用来在预览窗口中设定变形的中心点。

7.2.3 艺术笔触

选中位图，选择“效果 > 艺术笔触”命令，打开的“艺术笔触”子菜单如图7-32所示。CorelDRAW 2020提供了14种不同的艺术笔触效果，下面介绍常用的艺术笔触效果。

炭笔画(C)...
彩色蜡笔画...
蜡笔画(R)...
立体派(U)...
印象派(I)...
调色刀(P)...
彩色蜡笔画(A)...
钢笔画(E)...
点彩派(L)...
木版画(S)...
素描(K)...
水彩画(W)...
水印画(M)...
波纹纸画(V)...

图7-32

1. 炭笔画

选择“效果 > 艺术笔触 > 炭笔画”命令，弹出“木炭”对话框，单击对话框中的按钮，显示对照预览窗口，如图7-33所示。

对话框中部分选项的含义如下。

“大小”选项：可以设置位图炭笔画的像素大小。

“边缘”选项：可以设置位图炭笔画的黑白度。

2. 印象派

选择"效果 > 艺术笔触 > 印象派"命令，弹出"印象派"对话框，如图7-34所示，单击对话框中的✐按钮，显示对照预览窗口。

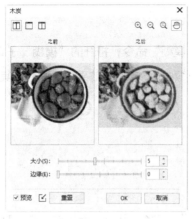

图7-33

对话框中部分选项的含义如下。

"样式"选项：可选择"笔触"或"色块"选项，不同的样式会产生不同的印象派效果。

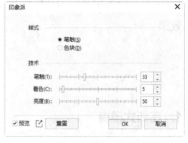

图7-34

"笔触"选项：可以设置印象派效果笔触大小及其强度。

"着色"选项：可以调整印象派效果的颜色，数值越大，颜色越深。

"亮度"选项：可以对印象派效果的亮度进行调节。

3. 调色刀

选择"效果 > 艺术笔触 > 调色刀"命令，弹出"调色刀"对话框，如图7-35所示，单击对话框中的✐按钮，显示对照预览窗口。

对话框中部分选项的含义如下。

图7-35

"刀片尺寸"选项：可以设置笔触的锋利程度，数值越小，笔触越锋利，位图的刻画效果越明显。

"柔软边缘"选项：可以设置笔触的坚硬程度，数值越大，笔触越硬，位图的刻画效果越平滑。

"角度"选项：可以设置笔触的角度。

4. 素描

选择"效果 > 艺术笔触 > 素描"命令，弹出"素描"对话框，如图7-36所示，单击对话框中的✐按钮，显示对照预览窗口。

对话框中部分选项的含义如下。

"铅笔类型"选项：可选择"碳色"或"颜色"类型，不同的铅笔类型会产生黑白或彩色的位图素描效果。

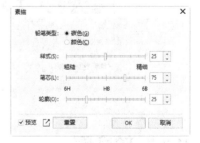

图7-36

"样式"选项：可以设置从粗糙到精细的画面效果。数值越大，画面越精细。

"笔芯"选项：可以设置笔芯颜色深浅的变化。数值越大，笔芯越软，画面越精细。

"轮廓"选项：可以设置轮廓的清晰程度。数值越大，轮廓越清晰。

7.2.4 模糊

选中一张图片，选择"效果 > 模糊"命令，打开的"模糊"子菜单如图7-37 所示。CorelDRAW 2020提供了11种不同的模糊效果，下面介绍其中常用的模糊效果。

图7-37

1. 高斯式模糊

选择"效果 > 模糊 > 高斯式模糊"命令，弹出"高斯式模糊"对话框，单击对话框中的☑按钮，显示对照预览窗口，如图7-38所示。

对话框中部分选项的含义如下。

"半径"选项：可以设置高斯式模糊的程度。

2. 缩放

选择"效果 > 模糊 > 缩放"命令，弹出"缩放"对话框，如图7-39所示，单击对话框中的☑按钮，显示对照预览窗口。

对话框中部分选项、按钮的含义如下。

⊡：单击该按钮后，在左边的原始图像预览框中单击，可以确定缩放模糊的中心点。

"数量"选项：可以设定图像的模糊程度。

图7-38

图7-39

7.2.5 轮廓图

选中位图，选择"效果 > 轮廓图"命令，打开的"轮廓图"子菜单如图7-40所示。CorelDRAW 2020提供了3种不同的轮廓图效果，下面介绍其中常用的轮廓图效果。

图7-40

1. 边缘检测

选择"效果 > 轮廓图 > 边缘检测"命令，弹出"边缘检测"对话框，单击对话框中的 按钮，显示对照预览窗口，如图7-41所示。

对话框中部分选项、按钮的含义如下。

"背景色"选项：用来设定图像的背景颜色为白色、黑色或其他颜色。

 ：单击该按钮后，可以在位图中吸取背景色。

"灵敏度"选项：用来设定探测边缘的灵敏度。

2. 查找边缘

选择"效果 > 轮廓图 > 查找边缘"命令，弹出"查找边缘"对话框，如图7-42所示，单击对话框中的 按钮，显示对照预览窗口。

对话框中部分选项的含义如下。

"边缘类型"选项：有"软"和"纯色"两种类型，选择不同的边缘类型，可以得到不同的效果。

"层次"选项：可以设定效果的纯度。

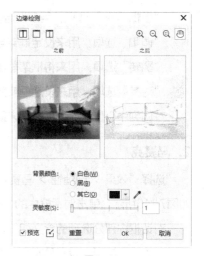

图7-41

图7-42

7.2.6 创造性

选中位图，选择"效果 > 创造性"命令，打开的"创造性"子菜单如图7-43所示。CorelDRAW 2020提供了11种不同的创造性效果，下面介绍其中常用的创造性效果。

图7-43

1. 框架

选择"效果 > 创造性 > 框架"命令，弹出"图文框"对话框，选择"修改"选项卡，单击对话框中的 按钮，显示对照预览窗口，如图7-44所示。

对话框中各选项卡的含义如下。

"选择"选项卡：用来选择框架，并为选择的列表添加新框架。

"修改"选项卡：用来对框架进行修改，此选项卡中部分选项的含义如下。

"水平"和"垂直"选项：用来设定框架的比例大小。

"旋转"选项：用来设定框架的旋转角度。

"颜色"和"不透明"选项：分别用来设定框架的颜色和不透明度。

"模糊/羽化"选项：用来设定框架边缘的模糊及羽化程度。

"调和"选项：用来设定框架与图像之间的混合方式。

"翻转"选项：用来将框架垂直或水平翻转。

"对齐"选项：用来设定框架效果的中心点。

"回到中心位置"选项：用来重新设定中心点。

2. 马赛克

选择"效果 > 创造性 > 马赛克"命令，弹出"马赛克"对话框，如图7-45所示，单击对话框中的◻按钮，显示对照预览窗口。

对话框中部分选项的含义如下。

"大小"选项：设置马赛克图像的大小。

"背景色"选项：设置马赛克图像的背景颜色。

"虚光"选项：为马赛克图像添加模糊的羽化框架。

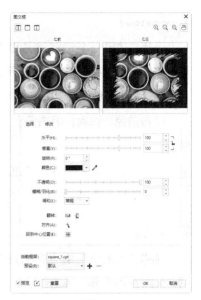

图7-44

3. 彩色玻璃

选择"效果 > 创造性 > 彩色玻璃"命令，弹出"彩色玻璃"对话框，如图7-46所示，单击对话框中的◻按钮，显示对照预览窗口。

对话框中部分选项的含义如下。

"大小"选项：设定彩色玻璃块的大小。

"光源强度"选项：设定彩色玻璃块的光源强度。光源强度越小，效果越暗；光源强度越大，效果越亮。

"焊接宽度"选项：设定玻璃块焊接处的宽度。

"焊接颜色"选项：设定玻璃块焊接处的颜色。

"三维照明"选项：显示彩色玻璃图像的三维照明效果。

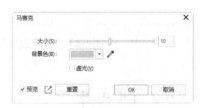

图7-45

4. 虚光

选择"效果 > 创造性 > 虚光"命令，弹出"虚光"对话框，如图7-47所示，单击对话框中的◻按钮，显示对照预览窗口。

对话框中部分选项的含义如下。

"颜色"选项：设定光照的颜色。

"形状"选项：设定光照的形状。

"偏移"选项：设定框架的大小。

"褪色"选项：设定图像与虚光框架的混合程度。

图7-46

图7-47

7.2.7　扭曲

选中位图，选择"效果 > 扭曲"命令，打开的"扭曲"子菜单如图7-48所示。CorelDRAW 2020提供了11种不同的扭曲效果，下面介绍常用的扭曲效果。

1. 块状

选择"效果 > 扭曲 > 块状"命令，弹出"块状"对话框，单击对话框中的 按钮，显示对照预览窗口，如图7-49所示。

对话框中部分选项的含义如下。

"块宽度"和"块高度"选项：设定块状图像的尺寸大小。

"最大偏移量"选项：设定块状图像的打散程度。

"未定义区域"选项：在其下拉列表中可以设定背景部分的颜色。

图7-48

2. 置换

选择"效果 > 扭曲 > 置换"命令，弹出"置换"对话框，如图7-50所示，单击对话框中的 按钮，显示对照预览窗口。

对话框中部分选项、按钮的含义如下。

"缩放模式"选项：可以选择"平铺"或"伸展适合"模式。

　：在其下拉列表中可以选择置换的图形。

图7-49

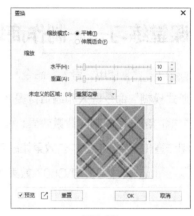

图7-50

3. 像素

选择"效果 > 扭曲 > 像素"命令，弹出"像素化"对话框，如图7-51所示，单击对话框中的 按钮，显示对照预览窗口。

对话框中部分选项的含义如下。

"像素化模式"选项：当选择"射线"模式时，可以在预览窗口中设定像素化的中心点。

"宽度"和"高度"选项：设定像素色块的大小。

"不透明"选项：设定像素色块的不透明度。数值越小，色块越透明。

4. 龟纹

选择"效果 > 扭曲 > 龟纹"命令，弹出"龟纹"对话框，如图7-52所示，单击对话框中的 按钮，显示对照预览窗口。

对话框中部分选项的含义如下。

"周期"和"振幅"选项：默认的波纹是与图像的顶端和底端平行的。拖曳滑块，可以设定波纹的周期和振幅，在对话框上方可以看到波纹的形状。

图7-51

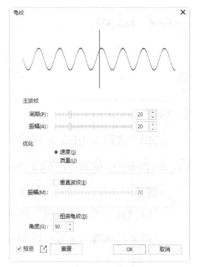

图7-52

课堂练习——制作商场广告

练习知识要点 使用"导入"命令、"旋涡"命令、"天气"命令和"高斯式模糊"命令导入和编辑背景图片；使用"矩形"工具和"置于图文框内部"命令制作背景效果；使用"文本"工具和"文字"泊坞窗制作宣传文字。商场广告效果如图7-53所示。

效果所在位置 学习资源\Ch07\效果\制作商场广告.cdr。

图7-53

课后习题——制作艺术画

习题知识要点 使用"导入"命令、"高斯式模糊"命令、"调色刀"命令、"风吹效果"命令和"添加杂点"命令导入和编辑背景图片；使用"矩形"工具和"PowerClip"命令制作背景效果；使用"文本"工具添加宣传文字。艺术画效果如图7-54所示。

效果所在位置 学习资源\Ch07\效果\制作艺术画.cdr。

图7-54

第 8 章

应用特殊效果

本章介绍

CorelDRAW 2020提供了多种特殊效果工具和命令，使用这些工具和命令，可以制作出丰富的图形特效。通过学习本章内容，读者可以了解并掌握如何使用CorelDRAW 2020强大的特殊效果功能制作出丰富多彩的图形特效。

学习目标

● 掌握制作PowerClip效果的方法。

● 了解色调的调整技巧。

● 熟练掌握特殊效果的使用方法。

技能目标

● 掌握"照片模板"的制作方法。

● 掌握"旅游公众号封面首图"的制作方法。

● 掌握"阅读平台推广海报"的制作方法。

8.1 PowerClip和色调的调整

在CorelDRAW 2020中，使用"PowerClip"命令可以将一个对象内置于一个容器对象中。内置的对象可以是任意对象，但容器对象必须是创建的封闭路径。使用色调调整相关命令可以调整图形的色调。下面具体讲解如何在容器对象中置入图形对象，以及如何调整图形的色调。

8.1.1 课堂案例——制作照片模板

案例学习目标 学习使用"导入"命令、"PowerClip"命令和"调整"命令制作照片模板。

案例知识要点 使用"亮度/对比度/强度"命令、"色度/饱和度/亮度"命令、"颜色平衡"命令调整图片的色调；使用"导入"命令、"矩形"工具、"置于图文框内部"命令制作PowerClip效果。照片模板效果如图8-1所示。

效果所在位置 学习资源\Ch08\效果\制作照片模板.cdr。

图8-1

01 按Ctrl+N组合键，弹出"创建新文档"对话框，设置文档的宽度为420mm，高度为285mm，方向为横向，色彩模式为CMYK，分辨率为300dpi，单击"OK"按钮，创建一个文档。

02 选择"查看 > 标尺"命令，在页面中显示标尺。选择"选择"工具▶，从左侧标尺上拖曳出一条垂直辅助线，在属性栏中将"X"选项设为210mm，按Enter键，如图8-2所示。

03 选择"矩形"工具▢，在页面中绘制一个矩形。设置颜色的CMYK值为20、0、0、20，填充图形，并去除图形的轮廓线，效果如图8-3所示。

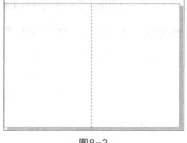

图8-2

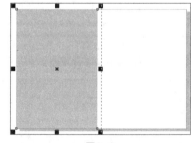

图8-3

04 按Ctrl+I组合键，弹出"导入"对话框，选择学习资源中的"Ch08\素材\制作照片模板\01"文件，单击"导入"按钮，在页面中单击导入图片。选择"选择"工具，拖曳图片到适当的位置，并调整其大小，效果如图8-4所示。

05 选择"效果 > 调整 > 亮度/对比度/强度"命令，在弹出的对话框中进行设置，如图8-5所示，单击"OK"按钮，效果如图8-6所示。

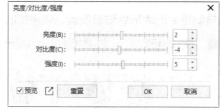

图8-4　　　　　　　　　　　　图8-5　　　　　　　　　　　　图8-6

06 选择"效果 > 调整 > 色度/饱和度/亮度"命令，在弹出的对话框中进行设置，如图8-7所示，单击"OK"按钮，效果如图8-8所示。

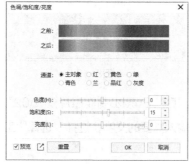

图8-7　　　　　　　　　　　　图8-8

07 选择"效果 > 调整 > 颜色平衡"命令，在弹出的对话框中进行设置，如图8-9所示，单击"OK"按钮，效果如图8-10所示。

08 选择"矩形"工具，在适当的位置绘制一个矩形，如图8-11所示。选择"选择"工具，选中人物图片，选择"对象 > PowerClip > 置于图文框内部"命令，鼠标指针变为黑色箭头，在矩形中单击，如图8-12所示。将人物图片置入矩形中，并去除矩形的轮廓线，效果如图8-13所示。

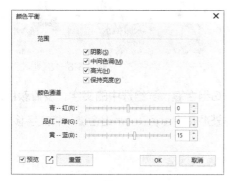

图8-9　　　　　　　　　　　　图8-10

图8-11 　　　　　　　　　　　图8-12 　　　　　　　　　　　图8-13

09 选择"选择"工具▐ᵏ，选中左侧的矩形，如图8-14所示。按数字键盘上的+键，复制矩形。在按住Shift键的同时，水平向右拖曳复制得到的矩形到适当位置，效果如图8-15所示。向右拖曳复制得到的矩形左边中间的控制手柄到适当位置，调整矩形大小，效果如图8-16所示。

图8-14 　　　　　　　　　　　图8-15 　　　　　　　　　　　图8-16

10 用相同的方法导入学习资源中的"Ch08\素材\制作照片模板\02"，并调整其色调，效果如图8-17所示。选择"文本"工具▐字，在页面中输入需要的文字；选择"选择"工具▐ᵏ，在属性栏中选取适当的字体并设置文字大小，效果如图8-18所示。

图8-17 　　　　　　　　　　　　　　　图8-18

11 用圈选的方法将输入的文字同时选中，按Ctrl+G组合键，群组选中的文字。设置颜色的CMYK值为60、40、0、0，填充文字，效果如图8-19所示。按Shift+PageDown组合键，将文字移至最后面，效果如图8-20所示。

图8-19

图8-20

12 按数字键盘上的+键，复制文字。在CMYK调色板中单击"无填充"按钮☑，取消复制得到的文字填充颜色，并设置轮廓线颜色为黑色，效果如图8-21所示。按←和↑方向键，微调复制得到的文字到适当的位置，效果如图8-22所示。照片模板制作完成，效果如图8-23所示。

图8-21

图8-22

图8-23

8.1.2 PowerClip效果

打开一张图片，再绘制一个图形作为容器对象，使用"选择"工具▹选中要用来内置的图片，如图8-24所示。选择"对象 > PowerClip > 置于图文框内部"命令，鼠标指针变为黑色箭头，将鼠标指针放在容器对象内，如图8-25所示。单击，完成图框精确剪裁，效果如图8-26所示。内置图片的中心和容器对象的中心是重合的。

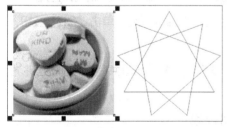
图8-24

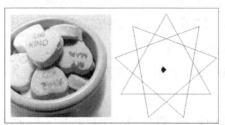
图8-25

图8-26

选择"对象 > PowerClip > 提取内容"命令，可以将容器对象的内置位图提取出来。

选择"对象 > PowerClip > 编辑PowerClip"命令，可以修改容器对象的内置位图。

选择"对象 > PowerClip > 完成编辑PowerClip"命令，可以编辑内置位图。

选择"对象 > PowerClip > 复制PowerClip自"命令，鼠标指针变为黑色箭头，将鼠标指针放在图框精确剪裁对象上并单击，可复制内置对象。

8.1.3 调整亮度、对比度和强度

打开一个图形，如图8-27所示。选择"效果 > 调整 > 亮度/对比度/强度"命令，或按Ctrl+B组合键，弹出"亮度/对比度/强度"对话框，拖曳滑块可以设置各选项的值，如图8-28所示。设置完成后，单击"OK"按钮，图形色调的调整效果如图8-29所示。

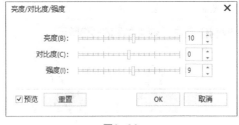

图8-27   图8-28   图8-29

"亮度/对比度/强度"对话框中各选项及部分按钮的含义如下。

"亮度"选项：可以调整图形颜色的深浅，也就是扩大或缩小所有像素值的色调范围。

"对比度"选项：可以调整图形颜色的对比度，也就是调整最浅和最深像素值之间的差。

"强度"选项：可以调整图形浅色区域的亮度，同时不降低图形深色区域的亮度。

"预览"复选框：可以预览图形色调的调整效果。

"重置"按钮 重置：可以重新调整图形色调。

8.1.4 调整颜色平衡

打开一个图形，如图8-30所示。选择"效果 > 调整 > 颜色平衡"命令，或按Ctrl+Shift+B组合键，弹出"颜色平衡"对话框，拖曳滑块可以设置各选项的值，如图8-31所示。设置完成后，单击"OK"按钮，图形色调的调整效果如图8-32所示。

在"颜色平衡"对话框的"范围"设置区中有4个复选框，利用这些复选框，可以共同或分别对图形进行颜色范围调整。

"阴影"复选框：勾选该复选框，可以对图形阴影区域的颜色进行调整。

"中间色调"复选框：勾选该复选框，可以对图形中间色调区域的颜色进行调整。

"高光"复选框：勾选该复选框，可以对图形高光区域的颜色进行调整。

"保持亮度"复选框：勾选该复选框，可以在对图形进行颜色调整的同时保持图形的亮度。

"颜色平衡"对话框中部分选项含义如下。

"青--红"选项：可以在图形中添加青色和红色。向右拖曳滑块将在图形中添加红色，向左拖曳滑块将在图形中添加青色。

"品红--绿"选项：可以在图形中添加品红色和绿色。向右拖曳滑块将在图形中添加绿色，向左拖曳滑块将在图形中添加品红色。

"黄--蓝"选项：可以在图形中添加黄色和蓝色。向右拖曳滑块将在图形中添加蓝色，向左拖曳滑块将在图形中添加黄色。

图8-30

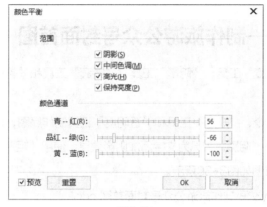
图8-31

图8-32

8.1.5　调整色度、饱和度和亮度

打开一个图形，如图8-33所示。选择"效果 > 调整 > 色度/饱和度/亮度"命令，或按Ctrl+Shift+U组合键，弹出"色调/饱和度/亮度"对话框，拖曳滑块可以设置各选项的值，如图8-34所示。设置完成后，单击"OK"按钮，图形色调的调整效果如图8-35所示。

图8-33

图8-35

"色调/饱和度/亮度"对话框中部分选项含义如下。

"通道"选项：可以选择要调整的主要颜色。

"色度"选项：可以改变图形的颜色。

"饱和度"选项：可以改变图形颜色的深浅程度。

"亮度"选项：可以改变图形的明暗程度。

8.2 特殊效果

在CorelDRAW 2020中，使用特殊效果工具和命令可以制作出丰富的图形特效。下面具体介绍常用的特殊效果工具和命令。

8.2.1 课堂案例——制作旅游公众号封面首图

案例学习目标 学习使用"透明度"工具、"阴影"工具、"封套"工具和"轮廓图"工具制作旅游公众号封面首图。

案例知识要点 使用"导入"命令、"矩形"工具和"透明度"工具制作底图；使用"文本"工具、"封套"工具制作文字变形效果；使用"阴影"工具为文字添加阴影效果；使用"矩形"工具和"轮廓图"工具制作轮廓效果。旅游公众号封面首图如图8-36所示。

效果所在位置 学习资源\Ch08\效果\制作旅游公众号封面首图.cdr。

图8-36

01 按Ctrl+N组合键，弹出"创建新文档"对话框，设置文档的宽度为900px，高度为383px，方向为横向，色彩模式为RGB，分辨率为72dpi，单击"OK"按钮，创建一个文档。

02 按Ctrl+I组合键，弹出"导入"对话框，选择学习资源中的"Ch08\素材\制作旅游公众号封面首图\01"文件，单击"导入"按钮，在页面中单击导入图片，如图8-37所示。按P键，使图片在页面中居中对齐，效果如图8-38所示。

图8-37

图8-38

03 双击"矩形"工具按钮□，绘制一个与页面大小相等的矩形，按Shift+PageUp组合键，将矩形移至最前面，如图8-39所示。设置颜色的RGB值为102、153、255，填充矩形，并去除矩形的轮廓线，效果如图8-40所示。

图8-39　　　　　　　　　图8-40

04 选择"透明度"工具▨，在属性栏中单击"均匀透明度"按钮▣，其他选项的设置如图8-41所示，按 Enter键，效果如图8-42所示。

图8-41　　　　　　　　　图8-42

05 选择"文本"工具🅣，在页面中输入需要的文字；选择"选择"工具🡅，在属性栏中选取适当的字体并设置文字大小，填充文字为白色，效果如图8-43所示。

06 选择"封套"工具🄳，文字外围出现封套的控制点和控制线，如图8-44所示。在属性栏中单击"直线模式"按钮🔲，其他选项的设置如图8-45所示。向下拖曳文字"世"下方的控制点到适当位置，文字封套效果如图8-46所示。

图8-43

图8-44

图8-45

图8-46

07 选择"阴影"工具□，在文字对象中从上向下拖曳鼠标，为文字添加阴影效果，属性栏中的设置如图8-47所示，按Enter键，效果如图8-48所示。

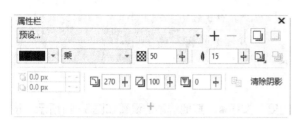

图8-47

图8-48

08 添加其他文字，并为其添加封套效果和阴影效果，如图8-49所示。选择"矩形"工具□，在适当的位置绘制一个矩形，在RGB调色板中的"40%黑"色块上单击鼠标右键，填充矩形轮廓线，效果如图8-50所示。

图8-49

图8-50

09 选择"轮廓图"工具□，在属性栏中单击"外部轮廓"按钮□，在"轮廓色"选项中设置轮廓线颜色为黑色，其他选项的设置如图8-51所示，按Enter键，效果如图8-52所示。

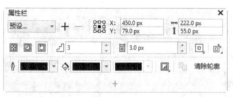

图8-51

图8-52

10 选择"文本"工具□，在适当的位置输入需要的文字；选择"选择"工具□，在属性栏中选取适当的字体并设置文字大小。在RGB调色板中的"黄"色块上单击，填充文字，效果如图8-53所示。旅游公众号封面首图制作完成，效果如图8-54所示。

图8-53

图8-54

8.2.2 透明度效果

使用"透明度"工具▨，可以制作出均匀、渐变、图案和底纹等多种漂亮的透明效果。

打开一个图形，使用"选择"工具▨选中要添加透明效果的花瓣图形，如图8-55所示。选择"透明度"工具▨，在属性栏中选择一种透明效果类型，这里单击"均匀透明度"按钮▨，相关选项的设置如图8-56所示。图形的透明效果如图8-57所示。

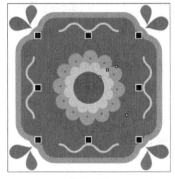

图8-55　　　　　　　　　　　　　　图8-56　　　　　　　　　　　　　　图8-57

属性栏中部分选项、按钮的含义如下。

▨ ▨ ▨ ▨ ▨ ▨ 、常规　　▾：可以从中选择透明类型和透明样式。

"透明度"▨ 50　＋：拖曳滑块或直接输入数值，可以改变对象的透明度。

"透明度目标"选项▨ ▨ ▨：设置应用透明度到"填充""轮廓""全部"效果。

"冻结透明度"按钮✳：冻结当前视图的透明度。

"编辑透明度"按钮▨：可以打开"渐变透明度"对话框，对渐变透明度进行具体设置。

"复制透明度"按钮▨：可以复制对象的透明效果。

"无透明度"按钮▨：可以清除对象的透明效果。

8.2.3 阴影效果

阴影效果是经常使用的一种特效，使用"阴影"工具▨可以快速给图形制作阴影效果，还可以设置阴影的透明度、角度、位置、颜色和羽化程度。下面介绍如何制作阴影效果。

打开一个图形，使用"选择"工具▨选中要添加阴影效果的图形，如图8-58所示。选择"阴影"工具▨，将鼠标指针放在图形上，按住鼠标左键并向阴影投射的方向拖曳鼠标，如图8-59所示。拖曳到需要的位置后松开鼠标左键，阴影效果如图8-60所示。

拖曳阴影控制线上的━图标，可以调节阴影的透光程度。拖曳时━越靠近▨图标，透光度越小，阴影越淡，效果如图8-61所示。拖曳时━越靠近▨图标，透光度越大，阴影越浓，效果如图8-62所示。

图8-58

图8-59

图8-60

图8-61

图8-62

属性栏如图8-63所示，其中部分选项、按钮的含义如下。

"预设列表"选项 预设...：可以从中选择需要的预设阴影效果。单击该选项后面的 + 或 - 按钮，可以保存或删除"预设列表"中的阴影效果。

"阴影偏移"选项 0.0 mm 0.0 mm 和"阴影角度"选项 270：设置阴影的偏移位置和角度。

"阴影延展"选项 100 和"阴影淡出"选项 0：调整阴影的长度和边缘的淡化程度。

"阴影不透明度"选项 50：设置阴影的不透明度。

"阴影羽化"选项 15：设置阴影的羽化程度。

"羽化方向"按钮：设置阴影的羽化方向。单击此按钮可弹出"羽化方向"下拉列表，如图8-64所示。

"羽化边缘"按钮：设置阴影的羽化边缘模式。单击此按钮可弹出"羽化边缘"下拉列表，如图8-65所示。

"阴影颜色"按钮 ：改变阴影的颜色。

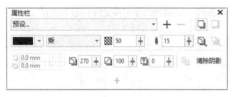
图8-63

图8-64

图8-65

8.2.4 轮廓图效果

轮廓图效果是由图形中心向内部或者外部放射的层次效果，它由多个同心线圈组成。下面介绍如何制作轮廓图效果。

绘制一个图形，如图8-66所示。选择"轮廓图"工具，在图形轮廓上方的节点上按住鼠标左键，并向内拖曳鼠标至需要的位置，松开鼠标左键，效果如图8-67所示。

图8-66

图8-67

属性栏如图8-68所示，其中部分选项、按钮的
含义如下。

图8-68

"预设列表"选项预设...：可以从中选择系统预设的样式。

"内部轮廓"按钮和"外部轮廓"按钮：使对象产生向内和向外的轮廓图，效果如图8-69所示。

"到中心"按钮：根据设置的偏移值一直向内创建轮廓图，效果如图8-69所示。

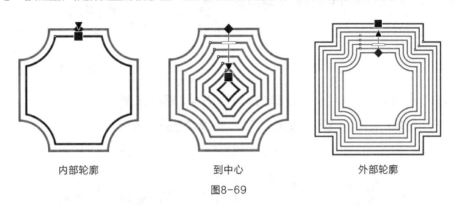

内部轮廓　　　　　　到中心　　　　　　外部轮廓

图8-69

"轮廓图步长"选项 1 和"轮廓图偏移"选项 5.0 mm：设置轮廓图的步数和偏移值，如图8-70和
图8-71所示。

"轮廓色"选项：设置最内一圈轮廓线的颜色。

"填充色"选项：设置轮廓图的颜色。

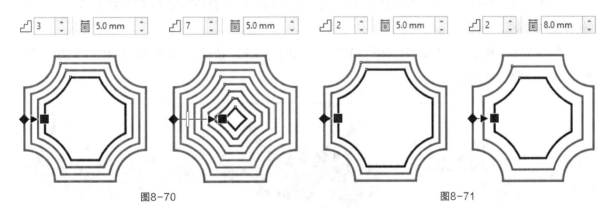

图8-70　　　　　　　　　　　　　　　　图8-71

8.2.5 调和效果

"调和"工具是CorelDRAW 2020中应用较广泛的工具。制作调和效果可以在对象间产生形状、颜
色的平滑变化。下面具体讲解调和效果的制作方法。

打开两个要制作调和效果的图形，如图8-72所示。选择"调和"工具，将鼠标指针放在左边的图形
上，鼠标指针变为图标，按住鼠标左键并拖曳鼠标到右边的图形上，如图8-73所示。松开鼠标左键，两
个图形的调和效果如图8-74所示。

图8-72

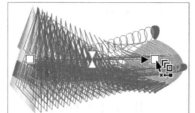

图8-73

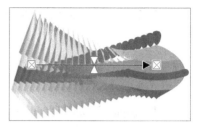

图8-74

属性栏如图8-75所示，其中部分选项、按钮的含义如下。

图8-75

"调和步长"选项 20：设置调和的步数，效果如图8-76所示。

"调和方向"选项 0.0：设置调和的旋转角度，效果如图8-77所示。

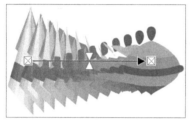

图8-76

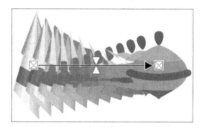

图8-77

"环绕调和"按钮：除了调和对象自身旋转外，同时将以起点对象和终止对象的中间位置为旋转中心做旋转分布，如图8-78所示。

"直接调和"按钮、"顺时针调和"按钮、"逆时针调和"按钮：设置调和对象之间颜色过渡的方向，效果如图8-79所示。

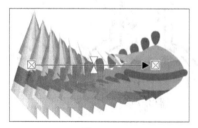

图8-78

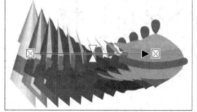

顺时针调和

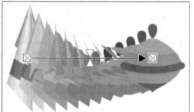

逆时针调和

图8-79

"对象和颜色加速"按钮：调整对象和颜色的加速属性。单击此按钮，弹出图8-80所示的对话框，在其中可拖曳滑块到需要的位置。对象加速调和效果如图8-81所示，颜色加速调和效果如图8-82所示。

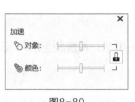

图8-80

图8-81

图8-82

"调整加速大小"按钮：可以设置调和的加速属性。

"起始和结束属性"按钮：可以显示或重新设置调和的起始及终止对象。

"路径属性"按钮：使调和对象沿绘制好的路径分布。单击此按钮，弹出图8-83所示的下拉列表，选择"新建路径"选项，鼠标指针变为图标，在新绘制的路径上单击，如图8-84所示。沿路径进行调和的效果如图8-85所示。

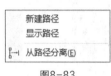

图8-83

图8-84

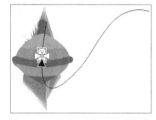

图8-85

"更多调和选项"按钮：可以进行更多的调和设置。单击此按钮，弹出图8-86所示的下拉列表。选择"映射节点"选项可指定起始对象的某一节点与终止对象的某一节点对应，以产生特殊的调和效果。选择"拆分"选项可将过渡对象分割成独立的对象，并且分割后的对象可与其他对象进行再次调和。选择"沿全路径调和"选项，可以使调和对象自动充满整个路径。选择"旋转全部对象"选项，可以使调和对象的方向与路径一致。

图8-86

8.2.6 课堂案例——制作阅读平台推广海报

案例学习目标 学习使用"立体化"工具、"阴影"工具、"调和"工具制作阅读平台推广海报。

案例知识要点 使用"文本"工具、"文本"泊坞窗添加标题文字；使用"立体化"工具为标题文字添加立体效果；使用"矩形"工具、"圆角半径"选项、"调和工具"制作调和效果；使用"导入"命令导入图形；使用"阴影"工具为文字添加阴影效果。阅读平台推广海报效果如图8-87所示。

效果所在位置 学习资源\Ch08\效果\制作阅读平台推广海报.cdr。

图8-87

199

01 按Ctrl+N组合键，弹出"创建新文档"对话框，设置文档的宽度为1242px，高度为2208px，方向为横向，色彩模式为RGB，分辨率为72dpi，单击"OK"按钮，创建一个文档。

02 双击"矩形"工具按钮▢，绘制一个与页面大小相等的矩形，如图8-88所示。设置颜色的RGB值为5、138、74，填充矩形，并去除矩形的轮廓线，效果如图8-89所示。

03 按数字键盘上的+键，复制矩形。选择"选择"工具▶，向右拖曳复制得到的矩形左边中间的控制手柄到适当位置，调整其大小，如图8-90所示。设置颜色的RGB值为250、178、173，填充图形，效果如图8-91所示。

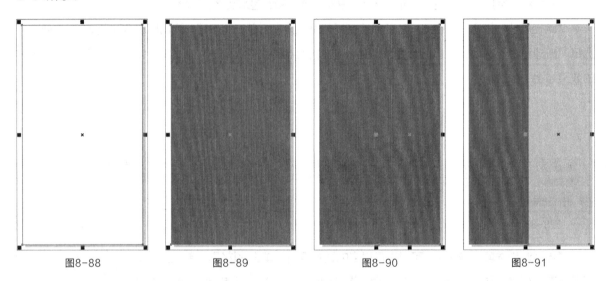

图8-88　　　　　　　　图8-89　　　　　　　　图8-90　　　　　　　　图8-91

04 选择"文本"工具字，在页面中输入需要的文字；选择"选择"工具▶，在属性栏中选取适当的字体并设置文字大小，填充文字为白色，效果如图8-92所示。

05 选择"文本 > 文本"命令，在弹出的"文本"泊坞窗中进行设置，如图8-93所示，按Enter键，效果如图8-94所示。

图8-92　　　　　　　　　　　　图8-93　　　　　　　　　　　　图8-94

06 按F12键，弹出"轮廓笔"对话框，在"颜色"选项中设置轮廓线颜色的RGB值为102、102、102，其他选项的设置如图8-95所示，单击"OK"按钮，效果如图8-96所示。

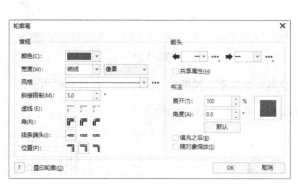

图8-95　　　　　　　　　　　　　　　　图8-96

07 选择"立体化"工具，按住鼠标左键由文字中心向右上方拖曳鼠标，在属性栏中单击"立体化颜色"按钮，在弹出的下拉列表中选择"使用纯色"选项，设置立体色的RGB值为255、219、211，其他选项的设置如图8-97所示。按Enter键，效果如图8-98所示。

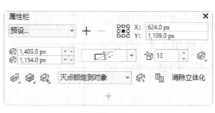

图8-97　　　　　　　　　　图8-98

08 选择"矩形"工具，在适当的位置绘制一个矩形，如图8-99所示。在属性栏中单击"倒棱角"按钮，设置"圆角半径"选项，其他选项的设置如图8-100所示，按Enter键，效果如图8-101所示。

图8-99　　　　　　　　　　图8-100　　　　　　　　　　图8-101

09 填充上一步中得到的图形为白色，效果如图8-102所示。按数字键盘上的+键，复制该图形。选择"选择"工具，向右下方拖曳复制的得到图形到适当位置，效果如图8-103所示。

10 选择"调和"工具🖌️，按住鼠标左键在两个图形之间拖曳鼠标添加调和效果，属性栏中的设置如图8-104所示，按Enter键，效果如图8-105所示。

图8-102

图8-103

图8-104

图8-105

11 选择"矩形"工具□，在适当的位置绘制一个矩形，如图8-106所示。在属性栏中设置"圆角半径"选项，其他选项的设置如图8-107所示。按Enter键，如图8-108所示。

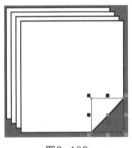

图8-106

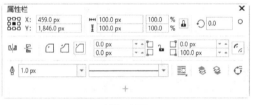

图8-107

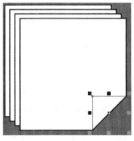

图8-108

12 保持图形的选中状态。设置颜色的RGB值为250、178、173，填充图形，效果如图8-109所示。选择"手绘"工具🖌️，在适当的位置绘制一条斜线，效果如图8-110所示。

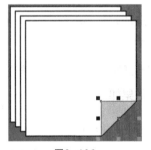

图8-109

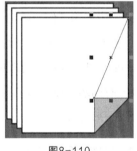

图8-110

13 按F12键，弹出"轮廓笔"对话框，在"颜色"选项中设置轮廓线颜色为黑色，其他选项的设置如图8-111所示。单击"OK"按钮，效果如图8-112所示。

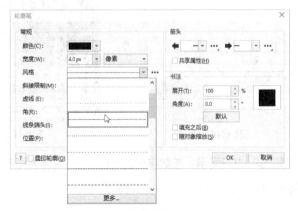

图8-111

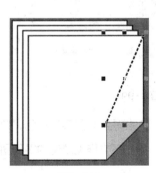

图8-112

14 选择"选择"工具▐▌，选中斜线，按数字键盘上的+键，复制斜线。在按住Shift键的同时，水平向左拖曳复制得到的斜线到适当位置，效果如图8-113所示。向左上方拖曳斜线左下角的控制手柄到适当位置，调整斜线长度，效果如图8-114所示。

15 选择"文本"工具▐▌，在适当的位置输入需要的文字；选择"选择"工具▐▌，在属性栏中选取适当的字体并设置文字大小，单击"将文本更改为垂直方向"按钮▐▌，更改文字排列方向，效果如图8-115所示。

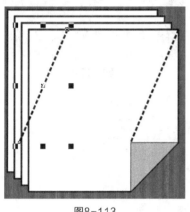

图8-113

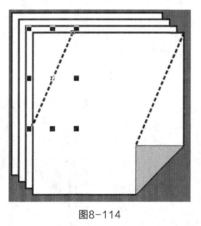

图8-114

图8-115

16 选择"文本"工具▐▌，在适当的位置输入需要的文字；选择"选择"工具▐▌，在属性栏中选取适当的字体并设置文字大小，单击"将文本更改为水平方向"按钮▐▌，更改文字排列方向，效果如图8-116所示。在"文本"泊坞窗中，选项的设置如图8-117所示，按Enter键，效果如图8-118所示。

图8-116

图8-117

图8-118

17 选择"文本"工具▐▌，在适当的位置输入需要的文字；选择"选择"工具▐▌，在属性栏中选取适当的字体并设置文字大小，效果如图8-119所示。在"文本"泊坞窗中，选项的设置如图8-120所示，按Enter键，效果如图8-121所示。

18 选择"选择"工具▐▌，选中需要的斜线，如图8-122所示。按数字键盘上的+键，复制斜线。向右拖曳复制得到的斜线到适当位置，效果如图8-123所示。

图8-119

图8-120

图8-121

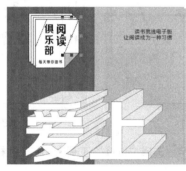

图8-122

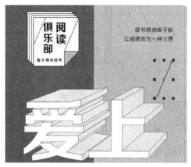
图8-123

19 按Ctrl+I组合键，弹出"导入"对话框，选择学习资源中的"Ch08\素材\制作阅读平台推广海报\01"文件，单击"导入"按钮，在页面中单击导入图片。选择"选择"工具⤬，拖曳图片到适当的位置，效果如图8-124所示。

20 选择"矩形"工具□，在适当的位置绘制一个矩形，在RGB调色板中的"10%黑"色块上单击，填充矩形，并去除矩形的轮廓线，效果如图8-125所示。再绘制一个矩形，填充矩形为白色，并去除矩形的轮廓线，效果如图8-126所示。

图8-124

图8-125

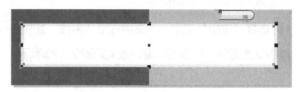
图8-126

21 选择"阴影"工具，按住鼠标左键在白色矩形中从上向下拖曳鼠标，为矩形添加阴影效果，属性栏中的设置如图8-127所示，按Enter键，效果如图8-128所示。

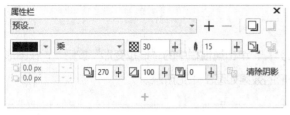

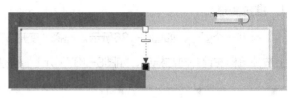

图8-127　　　　　　　　　　　　　　　　图8-128

22 选择"矩形"工具，在适当的位置绘制一个矩形，如图8-129所示。选择"文本"工具，在适当的位置输入需要的文字，选择"选择"工具，在属性栏中选取适当的字体并设置文字大小，效果如图8-130所示。

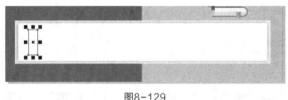

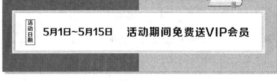

图8-129　　　　　　　　　　　　　　　　图8-130

23 选择"手绘"工具，在按住Ctrl键的同时，在适当的位置绘制一条直线，如图8-131所示。按F12键，弹出"轮廓笔"对话框，在"颜色"选项中设置轮廓线颜色为黑色，其他选项的设置如图8-132所示。单击"OK"按钮，效果如图8-133所示。阅读平台推广海报制作完成，效果如图8-134所示。

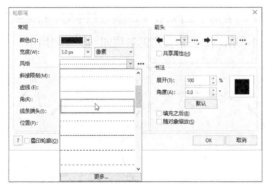

图8-131　　　　　图8-132　　　　　图8-133　　　图8-134

8.2.7 变形效果

使用"变形"工具，可以方便地对图形进行变形操作。对图形进行变形操作后可以产生不规则的图形外观，变形后的图形效果更加奇特。

选择"变形"工具，打开图8-135所示的属性栏，在属性栏中有3种变形方式："推拉变形"、"拉链变形"和"扭曲变形"。

图8-135

1. 推拉变形

绘制一个图形，如图8-136所示。选择"变形"工具⬚，单击属性栏中的"推拉变形"按钮⊕，在图形上按住鼠标左键并向左拖曳，如图8-137所示。图形变形的效果如图8-138所示。

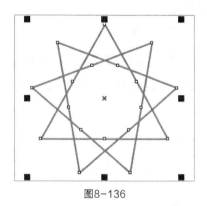
图8-136

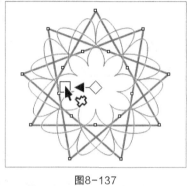
图8-137

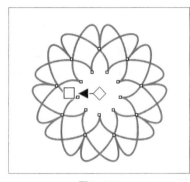
图8-138

在属性栏的"推拉振幅"⌇⬚中，可以输入数值来控制推拉变形的幅度。"推拉振幅"的范围为-200~200。单击"居中变形"按钮⊕，可以将变形的中心移至图形的中心。单击"转换为曲线"按钮ↄ，可以将图形转换为曲线。

2. 拉链变形

绘制一个图形，如图8-139所示。选择"变形"工具⬚，单击属性栏中的"拉链变形"按钮✿，在图形上按住鼠标左键并向左下方拖曳，如图8-140所示。图形变形的效果如图8-141所示。

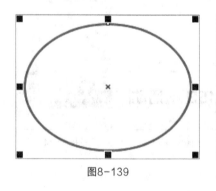
图8-139

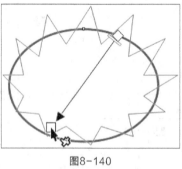
图8-140

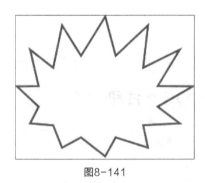
图8-141

在属性栏的"拉链频率"⌇⬚中，可以输入数值调整图形变形时锯齿的深度。单击"随机变形"按钮⬚，可以随机改变图形锯齿的深度。单击"平滑变形"按钮⬚，可以将图形锯齿的尖角变成圆弧。单击"局限变形"按钮⬚，在图形中按住鼠标左键并拖曳，可以对图形锯齿的局部进行变形。

3. 扭曲变形

绘制一个图形，如图8-142所示。选择"变形"工具⬚，单击属性栏中的"扭曲变形"按钮⬚，在图形中按住鼠标左键并转动鼠标，如图8-143所示。图形变形的效果如图8-144所示。

　　单击属性栏中的"添加新的变形"按钮，在图形中按住鼠标左键并转动鼠标，可以添加新的变形效果。单击"顺时针旋转"按钮和"逆时针旋转"按钮，可以设置旋转的方向。在"完整旋转"中可以设置完全旋转的圈数，在"附加度数"中可以设置旋转的角度。

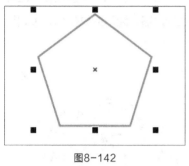

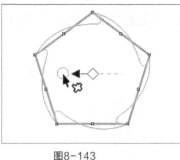

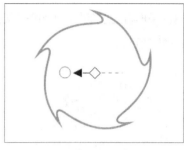

图8-142　　　　　　　　　　　图8-143　　　　　　　　　　　图8-144

8.2.8　封套效果

　　使用"封套"工具可以快速制作对象的封套效果，使文本、图形和位图产生丰富的变形效果。

　　打开一个要添加封套效果的图形，如图8-145所示。选择"封套"工具，单击图形，图形周围显示封套的控制线和控制点，如图8-146所示。按住鼠标左键并拖曳需要的控制点到适当位置后松开鼠标左键，可以改变图形的外形，如图8-147所示。选择"选择"工具并按Esc键，取消选中图形，图形的封套效果如图8-148所示。

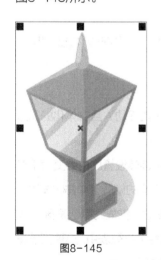

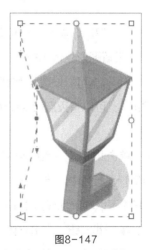

图8-145　　　　　　　　图8-146　　　　　　　　图8-147　　　　　　　　图8-148

　　在属性栏"预设列表"的下拉列表中可以选择需要的预设封套效果。"直线模式"按钮、"单弧模式"按钮、"双弧模式"按钮和"非强制模式"按钮可以实现4种不同的封套编辑模式。"映射模式"的下拉列表中包含4种映射模式，分别是"水平"模式、"原始"模式、"自由变形"模式和"垂直"模式。使用不同的映射模式可以使封套中的对象符合封套的形状，制作出需要的变形效果。

8.2.9 立体化效果

立体化效果是利用三维空间的立体旋转和光源照射功能实现的。使用CoreIDRAW 2020中的"立体化"工具圆可以制作和编辑图形的立体化效果。

打开一个要添加立体化效果的图形，如图8-149所示。选择"立体化"工具圆，在图形上按住鼠标左键并向图形右上方拖曳，如图8-150所示。达到需要的立体化效果后，松开鼠标左键，图形的立体化效果如图8-151所示。

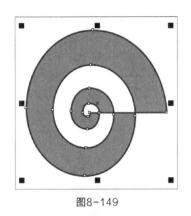
图8-149

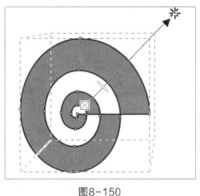
图8-150

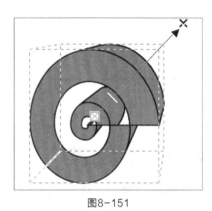
图8-151

属性栏如图8-152所示，其中部分选项、按钮的含义如下。

图8-152

"立体化类型"选项 ：单击选项后的下拉按钮弹出下拉列表，可以从中选择不同的立体化效果。

"深度"选项 ：可以设置图形立体化的深度。

"灭点属性"选项 ：可以设置灭点的属性。

"页面或对象灭点"按钮圆：可以将灭点锁定在页面上，在移动图形时灭点不能移动，且立体化的图形形状会改变。

"立体化旋转"按钮圆：单击此按钮，弹出旋转下拉列表，鼠标指针放在三维旋转设置区内会变为手形图标，拖曳鼠标可以在三维旋转设置区中旋转图形，页面中的立体化图形会进行相应的旋转。单击圆按钮，出现"旋转值"数值框，在其中可以精确地设置立体化图形的旋转数值。单击圆按钮，恢复到默认设置。

"立体化颜色"按钮圆：单击此按钮，弹出立体化图形的颜色下拉列表。颜色下拉列表中有3种颜色设置模式，分别是"使用对象填充"模式圆、"使用纯色"模式圆和"使用递减的颜色"模式圆。

"立体化倾斜"按钮圆：单击此按钮，弹出斜角修饰下拉列表，可以通过拖曳下拉列表中图例的节点来添加斜角效果，也可以在数值框中输入数值来设置倾斜角度。勾选"只显示斜角修饰边"复选框，将只显示立体化图形的斜角修饰边。

"立体化照明"按钮圆：单击此按钮，弹出照明下拉列表，在下拉列表中可以为立体化图形添加光源效果。

8.2.10 透视效果

在设计和制作图形的过程中，经常会用到透视效果。下面介绍如何在CorelDRAW 2020中制作透视效果。

打开一个要添加透视效果的图形，如图8-153所示。选择"对象 > 添加透视"命令，图形的周围出现控制线和控制点，如图8-154所示。按住鼠标左键并拖曳控制点，制作出需要的透视效果，在拖曳控制点时会出现透视点图标✕，如图8-155所示。按住鼠标左键并拖曳透视点图标✕，可以改变透视效果，如图8-156所示。制作好透视效果后，按空格键，确定完成的效果。

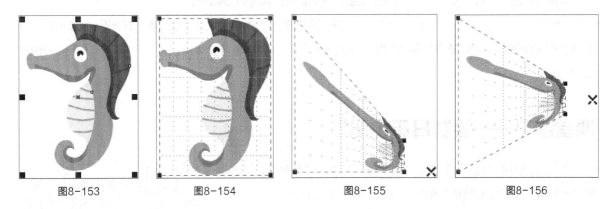

图8-153　　　　　　　　图8-154　　　　　　　　图8-155　　　　　　　　图8-156

双击图形，可对已有的透视效果进行调整。选择"对象 > 清除透视点"命令，可以清除透视效果。

8.2.11 透镜效果

在CorelDRAW 2020中，使用"透镜"泊坞窗可以制作出多种特殊效果。下面介绍透镜效果的制作方法。

打开一个要添加透镜效果的图形，如图8-157所示。选择"效果 > 透镜"命令，或按Alt+F3组合键，弹出"透镜"泊坞窗，选项的设置如图8-158所示，按Enter键，效果如图8-159所示。

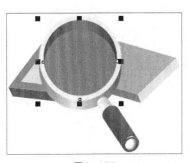
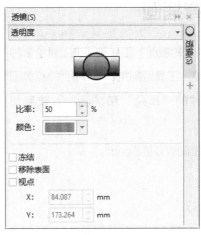
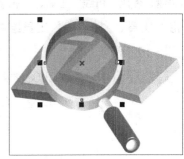

图8-157　　　　　　　　　　　　图8-158　　　　　　　　　　　　图8-159

"透镜"泊坞窗中有"冻结""移除表面""视点"3个复选框，勾选它们可以设置透镜效果的公共参数。"透镜"泊坞窗中复选框及部分选项的含义如下。

"冻结"复选框：可以将透镜下面图形产生的透镜效果添加成透镜的一部分，产生的透镜效果不会因为透镜或图形的移动而改变。

"移除表面"复选框：透镜将只作用于透镜下面的图形，没有图形的区域将保持其通透性。

"视点"复选框：可以在不移动透镜的情况下，只弹出透镜下面图形的一部分。勾选该复选框后，下方"X""Y"选项被激活，分别设置数值可以移动视点。

| 无透镜效果 |
| 变亮 |
| 颜色添加 |
| 色彩限度 |
| 自定义彩色图 |
| 鱼眼 |
| 热图 |
| 反转 |
| 放大 |
| 灰度浓淡 |
| 透明度 |
| 线框 |
| 位图效果 |

图8-160

`透明度` 选项：单击该选项的下拉按钮弹出透镜类型下拉列表，如图8-160所示。在透镜类型下拉列表中可以选择需要的透镜。选择不同的透镜，再进行参数的设定，可以制作出不同的透镜效果。

课堂练习——绘制日历小图标

练习知识要点 使用"矩形"工具、"椭圆形"工具、"圆角半径"选项和"透明度"工具绘制日历小图标。效果如图8-161所示。

效果所在位置 学习资源\Ch08\效果\绘制日历小图标.cdr。

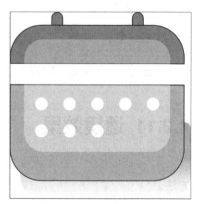

图8-161

课后习题——绘制教育插画

习题知识要点 使用"椭圆形"工具、"轮廓图"工具和填充工具绘制钟表盘；使用"折线"工具、"轮廓笔"工具绘制指针；使用"3点椭圆形"工具、"2点线"工具绘制钟的"耳朵"和"腿"。效果如图8-162所示。

效果所在位置 学习资源\Ch08\效果\绘制教育插画.cdr。

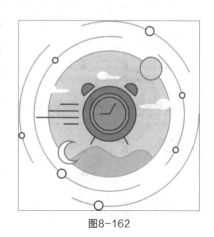

图8-162

第9章

/

商业案例实训

/

本章介绍

本章通过多个商业案例实训，进一步讲解CorelDRAW 2020
的强大功能和使用技巧，使读者能够牢固掌握软件功能和知
识要点，制作出专业的设计作品。

学习目标

● 掌握CorelDRAW 2020基本功能的使用方法。

● 了解CorelDRAW 2020的常用设计领域。

● 掌握CorelDRAW 2020在不同设计领域的使用技巧。

技能目标

● 掌握插画设计——旅游插画的绘制方法。

● 掌握宣传单设计——美食宣传单折页的制作方法。

● 掌握Banner设计——App首页女装广告的制作方法。

● 掌握图书装帧设计——美食图书封面的制作方法。

● 掌握包装设计——核桃奶包装的制作方法。

9.1 插画设计——绘制旅游插画

9.1.1 项目背景及要求

❶ 客户名称

《叮当故事汇》编辑部。

❷ 客户需求

　　《叮当故事汇》是一本儿童插画故事书，通过插画的形式向孩子们讲故事，内容通俗易懂。本案例要求绘制以旅游为主题的插画，插画要通过简洁的绘画语言表现出旅游的特点，以及旅游带来的乐趣。

❸ 设计要求

（1）插画设计要求形象生动，内容丰富。

（2）设计形式要直观醒目，充满趣味性。

（3）画面色彩要丰富多样，层次分明，具有吸引力。

（4）设计风格具有特色，让人对旅游产生向往之情。

（5）设计规格为200mm（宽）×200mm（高），分辨率为300dpi。

9.1.2 项目素材及要点

❶ 作品参考

参考效果所在位置：学习资源\Ch09\效果\绘制旅游插画.cdr。

❷ 制作要点

　　使用"星形"工具、"形状"工具、"矩形"工具绘制山和树；使用"椭圆形"工具、"置于图文框内部"命令制作PowerClip效果；使用"矩形"工具、"转角半径"选项、"移除前面对象"按钮、"椭圆形"工具、"水平镜像"按钮、"垂直镜像"按钮、填充工具绘制云彩和缆车，效果如图9-1所示。

图9-1

课堂练习1——绘制家电App引导页插画

练习1.1 项目背景及要求

❶ 客户名称

Shine家电App。

❷ 客户需求

本案例是为Shine家电App绘制引导页插画，用于产品的宣传和推广。插画要通过简洁的绘画语言突出宣传的主题，体现出平台的特点。

❸ 设计要求

（1）突出宣传主题，展现出电器美观、新潮的特点。

（2）内容丰富，使用基础绘图工具绘制。

（3）画面色彩要充满时尚感和现代感，辨识度强，能吸引人们的视线。

（4）风格具有特色，版式布局合理有序。

（5）设计规格为120mm（宽）×100mm（高），分辨率为300dpi。

练习1.2 项目素材及要点

❶ 作品参考

参考效果所在位置：学习资源\Ch09\效果\绘制家电App引导页插画.cdr。

❷ 制作要点

使用"矩形"工具、"转角半径"选项、"椭圆形"工具、"PowerClip"命令、"形状"工具和填充工具绘制洗衣机机身；使用"矩形"工具、"椭圆形"工具、"弧形"按钮和"2点线"工具绘制洗衣机按钮和滚筒；使用"透明度"工具为滚筒制作透明效果，效果如图9-2所示。

图9-2

课堂练习2——绘制农场插画

练习2.1　项目背景及要求

❶ 客户名称

《Life》生活杂志社。

❷ 客户需求

　　本案例是为《Life》生活杂志的"休闲生活"栏目绘制插画，本期"休闲生活"栏目的主题是乡村农场，要求设计师通过对乡村农场的绘制，表现出乡村悠闲舒适的生活环境，围绕栏目主题设计出新颖的效果。

❸ 设计要求

（1）插画能够准确地传达信息。

（2）插画以几何元素的形式呈现。

（3）画面色彩要饱和，使画面给人温暖感。

（4）设计风格具有特色，版式布局合理有序。

（5）设计规格为200mm（宽）×200mm（高），分辨率为300dpi。

练习2.2　项目素材及要点

❶ 素材资源

文字素材所在位置：学习资源\Ch09\素材\绘制农场
插画\文字文档"。

❷ 作品参考

参考效果所在位置：学习资源\Ch09\效果\绘制农场
插画.cdr。

❸ 制作要点

　　使用"矩形"工具、"椭圆形"工具和"2点
线"工具绘制背景；使用"椭圆形"工具和"置于
图文框内部"命令绘制农场土地；使用"贝塞尔"
工具、"矩形"工具、"2点线"工具和"置于图文
框内部"命令绘制房子。使用文本工具添加需要的
文字，效果如图9-3所示。

图9-3

课后习题1——绘制咖啡馆插画

习题1.1 项目背景及要求

❶ 客户名称

源点咖啡。

❷ 客户需求

　源点咖啡是一家咖啡连锁店，其零售产品包括多款咖啡豆、手工制作的浓缩咖啡、多款冷热咖啡饮料、各式糕点等。咖啡店目前要制作咖啡店宣传单，现需要绘制咖啡馆插画作为宣传单封面。

❸ 设计要求

（1）插画以咖啡店门口卡座场景为原型进行绘制。

（2）插画要求内容简单有韵味，图文搭配合理。

（3）对部分细节进行细致处理，使顾客感受到咖啡店的用心。

（4）画面的色彩搭配和谐，能带给人高端时尚的视觉感受。

（5）设计规格为297mm（宽）×210mm（高），分辨率为300dpi。

习题1.2 项目素材及要点

❶ 素材资源

图片素材所在位置：学习资源\Ch09\素材\绘制咖啡馆插画\01。

文字素材所在位置：学习资源\Ch09\素材\绘制咖啡馆插画\文字文档。

❷ 作品参考

参考效果所在位置：学习资源\Ch09\效果\绘制咖啡馆插画.cdr。

❸ 制作要点

　使用"矩形"工具、"多边形"工具、"椭圆形"工具、"贝塞尔"工具、"复制"命令和"粘贴"命令绘制太阳伞；使用"矩形"工具、"形状"工具和"填充"工具绘制咖啡杯；使用"文本"工具添加文字，效果如图9-4所示。

图9-4

课后习题2——绘制卡通绵羊插画

习题2.1　项目背景及要求

❶ 客户名称

《草原世界》编辑部。

❷ 客户需求

　　《草原世界》是一本儿童插画故事书，通过插画的形式向孩子们讲解有关草原动物的知识，内容简单、通俗易懂。本案例要求绘制以绵羊为主题的插画，插画要通过简洁的绘画语言表现出动物可爱、充满活力的特点。

❸ 设计要求

（1）插画设计要求形象生动、可爱丰富。

（2）设计形式要直观醒目，充满趣味性。

（3）画面色彩要丰富多样，层次分明，具有吸引力。

（4）设计风格具有特色，能够引起人们的共鸣。

（5）设计规格为160mm（宽）×160mm（高），分辨率为300dpi。

习题2.2　项目素材及要点

❶ 素材资源

文字素材所在位置：学习资源\Ch09\素材\绘制卡通绵羊插画\文字文档。

❷ 作品参考

参考效果所在位置：学习资源\Ch09\效果\绘制卡通绵羊插画.cdr。

❸ 制作要点

　　使用"矩形"工具和填充工具绘制插画的背景；使用"贝塞尔"工具绘制羊和降落伞；使用"手绘"工具绘制直线；使用"文本"工具添加文字，效果如图9-5所示。

图9-5

9.2　宣传单设计——制作美食宣传单折页

9.2.1　项目背景及要求

❶ 客户名称

艾格斯兰美食厅。

❷ 客户需求

　　本案例是为艾格斯兰美食厅制作宣传单，要求设计师运用到图片和宣传文字，同时使用独特的设计手法，使宣传单主题鲜明，展示出食物健康、可口的特点。

❸ 设计要求

（1）宣传单以美食为主要的内容进行制作。

（2）使用纯色的背景烘托画面，使画面中的美食看起来精致诱人。

（3）色彩搭配合理，具有条理性。

（4）设计风格具有特色，能够吸引观者。

（5）设计规格为190mm（宽）×210mm（高），分辨率为300dpi。

9.2.2　项目素材及要点

❶ 素材资源

图片素材所在位置：学习资源\Ch09\素材\制作美食宣传单折页\01~15。

文字素材所在位置：学习资源\Ch09\素材\制作美食宣传单折页\文字文档。

❷ 作品参考

参考效果所在位置：学习资源\Ch09\效果\制作美食宣传单折页.cdr。

❸ 制作要点

　　使用"导入"命令导入美食图片；使用"贝塞尔"工具、"文本"工具、"使文本适合路径"命令制作路径文字；使用"矩形"工具、"转角半径"选项、"2点线"工具和"轮廓笔"工具绘制装饰图形；使用"导入"命令、"矩形"工具、"置于图文框内部"命令制作PowerClip效果；使用"文本"工具、"文本"泊坞窗添加宣传文字，效果如图9-6所示。

图9-6

课堂练习1——制作招聘宣传单

练习1.1　项目背景及要求

❶ 客户名称

UED视觉创意公司。

❷ 客户需求

　　本案例是为一家视觉创意公司制作招聘宣传单。这家公司专为客户提供设计方面的技术和创意支持，为客户解决项目设计方面的问题。现公司要新招聘一批专业设计人才，需要设计一款招聘宣传单。要求宣传单符合公司形象，并且符合行业特色。

❸ 设计要求

（1）招聘宣传单背景要亮眼，具有酷炫的视觉效果。

（2）使用浅色系色彩进行设计，符合设计行业精致细腻的特点。

（3）使用插画为画面添加点缀，丰富画面效果。

（4）招聘宣传单能够吸引求职者的注意力，突出公司职位需求及未来发展前景的介绍。

（5）设计规格为210mm（宽）×297mm（高），分辨率为300dpi。

练习1.2　项目素材及要点

❶ 素材资源

图片素材所在位置：学习资源\Ch09\素材\制作招聘宣传单\01~04。

文字素材所在位置：学习资源\Ch09\素材\制作招聘宣传单\文字文档。

❷ 作品参考

参考效果所在位置：学习资源\Ch09\效果\制作招聘宣传单.cdr。

❸ 制作要点

　　使用"导入"命令导入素材图片；使用"文本"工具、"轮廓笔"工具、"添加透视"命令和填充工具添加并编辑主题文字；使用"矩形"工具、"形状"工具和"阴影"工具制作装饰图形；使用"文本"工具添加职位和联系方式等信息，效果如图9-7所示。

图9-7

课堂练习2——制作舞蹈宣传单

练习2.1　项目背景及要求

❶ 客户名称

文晓义舞蹈学院。

❷ 客户需求

　　文晓义舞蹈学院是一所开展专业舞蹈教育的院校，学校下设古典舞系、民族民间舞系、芭蕾舞系、编导系、舞蹈学系、社会舞蹈系等教学单位。寒假将开设寒假培训班，要求为此设计宣传单，宣传单的内容要求简明扼要，形式新颖美观，突出宣传重点。

❸ 设计要求

（1）要求宣传单将活动的主题、内容及形式进行明确的介绍。

（2）画面要求突出活动主题，使用浅色背景衬托宣传内容。

（3）宣传单内容全面详细，版面丰富，富有变化。

（4）信息提炼准确，抓住宣传要点。

（5）设计规格为210mm（宽）×297mm（高），分辨率为300dpi。

练习2.2　项目素材及要点

❶ 素材资源

图片素材所在位置：学习资源\Ch09\素材\制作舞蹈宣传单\01~03。

文字素材所在位置：学习资源\Ch09\素材\制作舞蹈宣传单\文字文档。

❷ 作品参考

参考效果所在位置：学习资源\Ch09\效果\制作舞蹈宣传单.cdr。

❸ 制作要点

　　使用"矩形"工具、"导入"命令制作宣传单底图；使用"快速描摹"命令将位图转换为矢量图；使用"矩形"工具和"形状"工具绘制装饰图形；使用"矩形"工具、"文本"工具添加宣传文字，效果如图9-8所示。

图9-8

课后习题1——制作文具品宣传单

习题1.1 项目背景及要求

❶ 客户名称

尚佳怡百货商场。

❷ 客户需求

尚佳怡百货商场在开学季特举办文具促销活动，需要设计商场促销宣传单。要求宣传单能够适合街头派发、橱窗及公告栏展示；宣传单以开学季为主题，表现出开学季商场售卖的文具用品种类繁多的特色。

❸ 设计要求

（1）宣传单内容突出开学季的主题。

（2）画面中要包括书包、文具等具有开学季特色的相关元素。

（3）宣传单的色彩搭配丰富，烘托出开学季的氛围。

（4）对主题文字进行设计，使其与整个画面和谐统一。

（5）设计规格为210mm（宽）×297mm（高），分辨率为300dpi。

习题1.2 项目素材及要点

❶ 素材资源

图片素材所在位置：学习资源\Ch09\素材\制作文具品宣传单\01、02。

文字素材所在位置：学习资源\Ch09\素材\制作文具品宣传单\文字文档。

❷ 作品参考

参考效果所在位置：学习资源\Ch09\效果\制作文具品宣传单.cdr。

❸ 制作要点

使用"文本"工具、"形状"工具、"矩形"工具和填充工具制作标题文字；使用"轮廓图"工具为文字添加轮廓效果；使用"文本"工具添加其他宣传文字，效果如图9-9所示。

图9-9

课后习题2——制作汉堡宣传单

习题2.1 项目背景及要求

❶ 客户名称

亨得利全国连锁餐厅。

❷ 客户需求

亨得利全国连锁餐厅是一家全国连锁速食餐厅，主要出售汉堡、炸鸡、饮料等快餐食品。本案例是为新推出的汉堡套餐制作宣传单，要求宣传单特点突出，能引起人们的食欲。

❸ 设计要求

（1）使用暗色的背景衬托食物的美味，突出宣传主体。

（2）图片要醒目突出，能引起人们的食欲。

（3）文字的设计清晰明了，让人一目了然。

（4）整体设计要简洁清晰，易于人们浏览。

（5）设计规格为210mm（宽）×285mm（高），分辨率300dpi。

习题2.2 项目素材及要点

❶ 素材资源

图片素材所在位置：学习资源\Ch09\素材\制作汉堡宣传单\01、02。

文字素材所在位置：学习资源\Ch09\素材\制作汉堡宣传单\文字文档。

❷ 作品参考

参考效果所在位置：学习资源\Ch09\效果\制作汉堡宣传单.cdr。

❸ 制作要点

使用"导入"命令、"色度/饱和度/亮度"命令制作宣传单底图；使用"文本"工具、"封套"工具和"立体化"工具制作标题文字；使用"形状"工具、"星形"工具、"文本"工具和"文本"泊坞窗制作宣传内容；使用"星形"工具、"椭圆形"工具和"文本"工具制作价格标签，效果如图9-10所示。

图9-10

9.3 Banner设计——制作App首页女装广告

9.3.1 项目背景及要求

❶ 客户名称

欧文娅莎女装店。

❷ 客户需求

欧文娅莎是一家女装店，商品包括女装、精品配饰等。店铺商品风格独特，涵盖多种材质和配色。现推出新款女装，需要为其设计宣传广告，希望借助广告表现出商品的创新性和独特性。

❸ 设计要求

（1）广告设计要以新款女装为主题。

（2）要求使用直观醒目的文字来诠释宣传内容，表现出活动特色。

（3）画面色彩要富有朝气，给人青春洋溢的感觉。

（4）设计风格具有特色，版式多样而不散，能够引起顾客的兴趣及购买欲望。

（5）设计规格为750px（宽）×360px（高），分辨率72dpi。

9.3.2 项目素材及要点

❶ 素材资源

图片素材所在位置：学习资源\Ch09\素材\制作App首页女装广告\01~04。

文字素材所在位置：学习资源\Ch09\素材\制作App首页女装广告\文字文档。

❷ 作品参考

参考效果所在位置：学习资源\Ch09\效果\制作App首页女装广告.cdr。

❸ 制作要点

使用"矩形"工具、"导入"命令和"置于图文框内部"命令制作广告底图；使用"色度/饱和度/亮度"命令调整人物图片的色调；使用"文本"工具、"文本"泊坞窗添加广告宣传文字；使用"星形"工具、"旋转角度"选项绘制装饰星形，效果如图9-11所示。

图9-11

课堂练习1——制作手机电商广告

练习1.1　项目背景及要求

❶ 客户名称

黑壳科技有限公司。

❷ 客户需求

　　黑壳科技有限公司是一家专注于电子产品研发、智能家居生态链建设的创新型科技企业。目前，黑壳科技有限公司新款手机即将上市，需要为新款手机的上市制作宣传广告，要求宣传广告以手机为主要内容，突出主题。

❸ 设计要求

（1）广告的画面以手机展示为主，突出宣传重点。

（2）画面的质感能够体现出手机的品质。

（3）广告整体色调柔和，能够让消费者感觉温馨舒适。

（4）广告整体图文搭配和谐、主次分明，画面简洁大气。

（5）设计规格为1920px（宽）×830px（高），分辨率为72dpi。

练习1.2　项目素材及要点

❶ 素材资源

图片素材所在位置：学习资源\Ch09\素材\制作手机电商广告\01、02。

文字素材所在位置：学习资源\Ch09\素材\制作手机电商广告\文字文档。

❷ 作品参考

参考效果所在位置：学习资源\Ch09\效果\制作手机电商广告.cdr。

❸ 制作要点

　　使用"导入"命令导入素材图片；使用"文本"工具、"文本"泊坞窗添加宣传文字；使用"字形"泊坞窗添加需要的字符，效果如图9-12所示。

图9-12

课堂练习2——制作服装电商广告

练习2.1　项目背景及要求

❶ 客户名称

ELEGANCE服饰店。

❷ 客户需求

　　ELEGANCE服饰店是一家出售女士服饰的店，一直深受追求时尚的女孩喜爱。服饰店要为秋季新款服饰制作网页焦点广告，要求广告典雅时尚，体现出店铺的特点。

❸ 设计要求

（1）广告以服饰相关的图片为主要内容。

（2）运用颜色鲜明、有现代风格的图片，使其与文字一起构成丰富的画面。

（3）广告要体现出店铺时尚、简约的风格，给人活泼的感觉。

（4）对文字进行具有特色的设计，使顾客能快速了解店铺信息。

（5）设计规格为1920px（宽）×600px（高），分辨率为72dpi。

练习2.2　项目素材及要点

❶ 素材资源

图片素材所在位置：学习资源\Ch09\素材\制作服装电商广告\01～05。

文字素材所在位置：学习资源\Ch09\素材\制作服装电商广告\文字文档。

❷ 作品参考

参考效果所在位置：学习资源\Ch09\效果\制作服装电商广告.cdr。

❸ 制作要点

　　使用"导入"命令、"矩形"工具和"PowerClip"命令制作背景；使用"文本"工具、"编辑填充"对话框制作标题文字；使用"矩形"工具、"移除前面对象"按钮制作装饰框；使用"文本"工具、"文本"泊坞窗添加宣传文字，效果如图9-13所示。

图9-13

课后习题1——制作家电电商广告

习题1.1　项目背景及要求

❶ 客户名称

欧斯卡数码专卖店。

❷ 客户需求

　　欧斯卡数码专卖店是一家售卖家电产品的店，店铺即将在秋天举办促销活动，需要制作网络宣传广告，在互联网上进行宣传。要求广告能够吸引大家的视线，达到宣传效果。

❸ 设计要求

（1）广告画面绚丽多彩，视觉效果强烈。

（2）广告内容明确，突出活动的宣传重点。

（3）使用对比强烈的色彩使广告画面具有冲击力。

（4）广告画面的主要内容是文字，所以应注重文字的设计。

（5）设计规格为1200px（宽）×600px（高），分辨率为72dpi。

习题1.2　项目素材及要点

❶ 素材资源

图片素材所在位置：学习资源\Ch09\素材\制作家电电商广告\01～08。

文字素材所在位置：学习资源\Ch09\素材\制作家电电商广告\文字文档。

❷ 作品参考

参考效果所在位置：学习资源\Ch09\效果\制作家电电商广告.cdr。

❸ 制作要点

　　使用"矩形"工具、"导入"命令和"透明度"工具制作广告背景；使用"文本"工具、"立体化"工具制作标题文字；使用"矩形"工具、"文本"工具、"合并"按钮添加家电品类及活动时间，效果如图9-14所示。

图9-14

课后习题2——制作女包电商广告

习题2.1　项目背景及要求

❶ **客户名称**

尚佳怡百货商场。

❷ **客户需求**

　　尚佳怡百货商场是以销售服装、鞋帽和箱包为主的网上商城。目前新上欧美休闲百搭包，要求为商场网站设计促销宣传广告，能够适合在网站头条、橱窗及公告栏展示。要求广告以宣传新款女包为主，内容表现出新款女包的特点。

❸ **设计要求**

（1）广告内容以图片为主，装饰图形要令人感觉舒适自然。

（2）文字设计与图片相衬，文字配合图片进行设计搭配。

（3）广告背景为浅色调，以突出主体产品。

（4）整体具有高端大气的特色，能体现出品牌的特点。

（5）设计规格为1200px（宽）×600px（高），分辨率为72dpi。

习题2.2　项目素材及要点

❶ **素材资源**

图片素材所在位置：学习资源\Ch09\素材\制作女包电商广告\01、02。

文字素材所在位置：学习资源\Ch09\素材\制作女包电商广告\文字文档。

❷ **作品参考**

参考效果所在位置：学习资源\Ch09\效果\制作女包电商广告.cdr。

❸ **制作要点**

　　使用"矩形"工具、"导入"命令、"编辑填充"对话框和"PowerClip"命令制作广告背景；使用"贝塞尔"工具、"转换为位图"命令和"高斯式模糊"命令制作女包的阴影；使用"文本"工具、"矩形"工具和"移除前面对象"按钮制作标题文字；使用"文本"工具添加其他相关信息，效果如图9-15所示。

图9-15

9.4 图书装帧设计——制作美食图书封面

9.4.1 项目背景及要求

❶ 客户名称

美食记出版社。

❷ 客户需求

《面包师》是由美食记出版社策划的为爱好烘焙的人士提供参考的图书。本案例是为美食图书进行图书装帧设计。图书的内容是面包烘焙，所以要求以面包图案为封面主要内容，并且合理搭配颜色，使图书看起来具有特色。

❸ 设计要求

（1）封面以面包图案为主，体现出本书特色。

（2）使用实景照片进行展示，使封面看起来真实且富有特色。

（3）要求设计表现出图书时尚、高端的风格。

（4）要求整个设计充满特色，让人一目了然。

（5）设计规格为440mm（宽）×285mm（高），分辨率为300dpi。

9.4.2 项目素材及要点

❶ 素材资源

图片素材所在位置：学习资源\Ch09\素材\制作美食图书封面\01、02。

文字素材所在位置：学习资源\Ch09\素材\制作美食图书封面\文字文档。

❷ 作品参考

参考效果所在位置：学习资源\Ch09\效果\制作美食图书封面.cdr。

❸ 制作要点

使用"导入"命令导入素材图片；使用"色度/饱和度/亮度"命令、"亮度/对比度/强度"命令调整图片的色调；使用"文本"工具、"文本"泊坞窗添加文字内容；使用"矩形"工具、"椭圆形"工具、"合并"按钮、"移除前面对象"按钮和"文本"工具制作标签；使用"阴影"工具为标签添加阴影效果，效果如图9-16所示。

图9-16

课堂练习1——制作旅游图书封面

练习1.1　项目背景及要求

❶ 客户名称

艾力地理出版社。

❷ 客户需求

艾力地理出版社即将出版一本关于旅游的图书，书名为《如果可以去旅行》。目前需要为该图书设计封面，用于图书的出版及发售，使图书能够通过封面吸引读者的注意。图书封面设计要围绕旅游这一主题进行。

❸ 设计要求

（1）图书封面使用摄影图片为背景，注重细节的修饰和处理。

（2）整体色调清新舒适，搭配自然。

（3）图书的封面要表现出旅游时放松和舒适的感觉。

（4）文字设计与图片相衬，文字配合图片进行设计搭配。

（5）设计规格为378mm（宽）×260mm（高），分辨率为300dpi。

练习1.2　项目素材及要点

❶ 素材资源

图片素材所在位置：学习资源\Ch09\素材\制作旅游图书封面\01、02。

文字素材所在位置：学习资源\Ch09\素材\制作旅游图书封面\文字文档。

❷ 作品参考

参考效果所在位置：学习资源\Ch09\效果\制作旅游图书封面.cdr。

❸ 制作要点

使用"文本"工具、"文本"泊坞窗制作封面文字；使用"椭圆形"工具、"调和"工具制作装饰圆形；使用"手绘"工具、"透明度"工具制作竖线；使用"导入"命令、"矩形"工具和"旋转"命令制作旅行照片，效果如图9-17所示。

图9-17

课堂练习2——制作创意家居图书封面

练习2.1　项目背景及要求

❶ 客户名称

爱信出版社。

❷ 客户需求

　　本案例要求为《温馨小居》图书设计封面。本书的内容是讲解创意家居的案例，所以封面设计要围绕家居这一主题，将图书内容全面地表现出来，通过封面快速地吸引读者的注意。

❸ 设计要求

（1）图书封面的设计以传达创意家居内容为主要目的，紧贴主题。

（2）封面色彩以红色调为主，要求画面简洁清爽。

（3）要求以家居图片作为封面主要内容，明确主题。

（4）整体设计要体现出创意、现代感和舒适感。

（5）设计规格为355mm（宽）×240mm（高），分辨率为300dpi。

练习2.2　项目素材及要点

❶ 素材资源

图片素材所在位置：学习资源\Ch09\素材\制作创意家居图书封面\01～06。

文字素材所在位置：学习资源\Ch09\素材\制作创意家居图书封面\文字文档。

❷ 作品参考

参考效果所在位置：学习资源\Ch09\效果\制作创意家居图书封面.cdr。

❸ 制作要点

　　使用"辅助线"命令添加辅助线；使用"矩形"工具、"椭圆形"工具、"贝塞尔"工具和"图框精确剪裁"命令制作灯罩；使用"文本"工具制作文字效果；使用流程图形状工具和"椭圆形"工具绘制标识，效果如图9-18所示。

图9-18

课后习题1——制作攀岩运动图书封面

习题1.1 项目背景及要求

❶ 客户名称

明日地理出版社。

❷ 客户需求

明日地理出版社即将出版一本关于攀岩运动的图书《徒手攀岩》，目前需要为该图书设计封面，用于书籍的出版及发售，图书封面设计要围绕攀岩运动这一主题，能够通过封面吸引读者的注意。

❸ 设计要求

（1）图书封面使用摄影图片为背景，注重细节的修饰和处理。

（2）整体用色要对比强烈，突出宣传的主题。

（3）图书的封面要表现出攀岩运动的特点。

（4）文字设计与图片相衬，文字配合图片进行设计搭配。

（5）设计规格为383mm（宽）×260mm（高），分辨率为300dpi。

习题1.2 项目素材及要点

❶ 素材资源

图片素材所在位置：学习资源\Ch09\素材\制作攀岩运动图书封面\01~03。

文字素材所在位置：学习资源\Ch09\素材\制作攀岩运动图书封面\文字文档。

❷ 作品参考

参考效果所在位置：学习资源\Ch09\效果\制作攀岩运动图书封面.cdr。

❸ 制作要点

使用"导入"命令、"矩形"工具、"置于图文框内部"命令和"色度/饱和度/亮度"命令制作封面底图；使用"文本"工具、"文本"泊坞窗添加文字内容；使用"阴影"工具为文字添加阴影效果；使用"字形"泊坞窗添加字符，效果如图9-19所示。

图9-19

课后习题2——制作茶鉴赏图书封面

习题2.1　项目背景及要求

❶ 客户名称

教育科文出版社。

❷ 客户需求

　　教育科文出版社即将出版一本名为《茶之鉴赏》的图书，图书内容主要是介绍茶的历史与分类。要求围绕茶这一主题进行封面设计。

❸ 设计要求

（1）图书的封面为浅色背景。

（2）字体的设计要符合茶这一主题，具有中国特色。

（3）可以采用竖排版的版面形式，使封面更加独特。

（4）色彩搭配舒适淡雅，让人印象深刻。

（5）设计规格为440mm（宽）×297mm（高），分辨率为300dpi。

习题2.2　项目素材及要点

❶ 素材资源

图片素材所在位置：学习资源\Ch09\素材\制作茶鉴赏图书封面\01~05。

文字素材所在位置：学习资源\Ch09\素材\制作茶鉴赏图书封面\文字文档。

❷ 作品参考

参考效果所在位置：学习资源\Ch09\效果\制作茶鉴赏图书封面.cdr。

❸ 制作要点

　　使用"矩形"工具、"导入"命令和"置于图文框内部"命令制作封面底图；使用"亮度/对比度/强度"和"颜色平衡"命令调整图片颜色；使用"高斯式模糊"命令制作图片的模糊效果；使用"文本"工具输入文字；使用"转换为曲线"按钮和"编辑填充"对话框转换并填充图书名称，效果如图9-20所示。

图9-20

9.5 包装设计——制作核桃奶包装

9.5.1 项目背景及要求

❶ 客户名称

食佳股份有限公司。

❷ 客户需求

食佳股份有限公司是一家以奶制品、干果、茶叶、休闲零食等食品的分装与销售为主的公司。现公司推出高钙低脂核桃奶，需要制作一款包装设计，要求传达出核桃奶健康美味的特点，并能够快速吸引消费者的注意。

❸ 设计要求

（1）要求包装风格清新，符合产品特色。

（2）要求字体简单，符合整体的包装风格，使包装更显高端。

（3）要求包装设计简洁大气，图文编排合理，视觉效果强烈。

（4）以简洁的方式向消费者传达产品信息。

（5）设计规格为210mm（宽）×297mm（高），分辨率300dpi。

9.5.2 项目素材及要点

❶ 素材资源

图片素材所在位置：学习资源\Ch09\素材\制作核桃奶包装\01。

文字素材所在位置：学习资源\Ch09\素材\制作核桃奶包装\文字文档。

❷ 作品参考

参考效果所在位置：学习资源\Ch09\效果\制作核桃奶包装.cdr。

❸ 制作要点

使用"导入"命令导入包装外形图片；使用"椭圆形"工具、"矩形"工具、"贝塞尔"工具、"移除前面对象"按钮、"形状"工具和"填充"工具绘制卡通形象；使用"文本"工具、"文本"泊坞窗添加商品名称及其他相关信息；使用"贝塞尔"工具、"文本"工具和"合并"按钮制作文字镂空效果，效果如图9-21所示。

图9-21

课堂练习1——制作冰激凌包装

练习1.1　项目背景及要求

❶ 客户名称

Bnidgemans食品有限公司。

❷ 客户需求

　　Bnidgemans食品有限公司是一家从事食品研发、制造、分销与出口的综合型公司。公司产品涵盖糖果、巧克力、果冻、糕点和调味品等众多类别。新款冰激凌即将上市，要求为其设计外包装。

❸ 设计要求

（1）包装风格清新，符合产品特色。

（2）字体简单，符合整体的包装风格，使包装更显高端。

（3）图文编排合理，视觉效果强烈。

（4）以真实简洁的方式向消费者传达产品信息。

（5）设计规格为200mm（宽）×200mm（高），分辨率为300dpi。

练习1.2　项目素材及要点

❶ 素材资源

图片素材所在位置：学习资源\Ch09\素材\制作冰激凌包装\01、02。

文字素材所在位置：学习资源\Ch09\素材\制作冰激凌包装\文字文档。

❷ 作品参考

参考效果所在位置：学习资源\Ch09\效果\制作冰激凌包装.cdr。

❸ 制作要点

　　使用"矩形"工具、"椭圆形"工具、"贝塞尔"工具和"PowerClip"命令制作包装外形；使用图形绘制工具、"合并"按钮、"移除前面对象"按钮和填充工具绘制卡通形象；使用"文本"工具、"文本"泊坞窗添加商品名称及其他相关信息；使用"椭圆形"工具、"转换为位图"命令和"高斯式模糊"命令制作阴影效果，效果如图9-22所示。

图9-22

233

课堂练习2——制作婴儿奶粉包装

练习2.1 项目背景及要求

❶ 客户名称

宝宝食品有限公司。

❷ 客户需求

宝宝食品有限公司是一家制作婴幼儿食品的公司，精选优质原料，生产高水平的产品，得到消费者的广泛认可。该公司将推出新研制的益生菌营养米粉，需要为该产品制作一款包装，要求包装体现出产品特色，展现出品牌形象。

❸ 设计要求

（1）要求包装画面简单干净，使消费者对产品质量感到放心。

（2）突出宣传重点，使用可爱儿童照片作为包装素材。

（3）要求包装设计使用文字，并在画面中突出显示。

（4）整体要具有温馨可爱的特点。

（5）设计规格为250mm（宽）×300mm（高），分辨率为300dpi。

练习2.2 项目素材及要点

❶ 素材资源

图片素材所在位置：学习资源\Ch09\素材\制作婴儿奶粉包装\01。

文字素材所在位置：学习资源\Ch09\素材\制作婴儿奶粉包装\文字文档。

❷ 作品参考

参考效果所在位置：学习资源\Ch09\效果\制作婴儿奶粉包装.cdr。

❸ 制作要点

使用"贝塞尔"工具、"文本"工具、"形状"工具、"网状填充"工具和"阴影"工具制作装饰图形和文字；使用"编辑填充"对话框和"矩形"工具制作文字效果；使用"编辑填充"对话框、"椭圆形"工具和"透明度"工具完善包装，效果如图9-23所示。

图9-23

课后习题1——制作化妆品包装

习题1.1　项目背景及要求

❶ 客户名称

Re Leaf化妆品有限公司。

❷ 客户需求

　　Re Leaf化妆品有限公司是一家以经营各类化妆品为主的公司。现新款芦荟型护手霜上市，要求设计护手霜的外包装。护手霜是平时常用之物，要求包装设计清新简约，既要符合公司特色，又要具有创新性。

❸ 设计要求

（1）包装外观精致。

（2）字体简洁大气，符合整体的包装风格，使包装更显高端。

（3）图文编排合理，视觉对比强烈。

（4）以真实简洁的方式向消费者传达产品信息。

（5）设计规格为210mm（宽）×297mm（高），分辨率为300dpi。

习题1.2　项目素材及要点

❶ 素材资源

图片素材所在位置：学习资源\Ch09\素材\制作化妆品包装\01。

文字素材所在位置：学习资源\Ch09\素材\制作化妆品包装\文字文档。

❷ 作品参考

参考效果所在位置：学习资源\Ch09\效果\制作化妆品包装.cdr。

❸ 制作要点

　　使用"矩形"工具和"编辑填充"对话框制作包装背景；使用"贝塞尔"工具、"透明度"工具和"PowerClip"命令制作瓶身；使用"矩形"工具、"椭圆形"工具、"贝塞尔"工具和"编辑填充"对话框制作瓶盖；使用"矩形"工具、"文本"工具、"填充"工具添加商标和商品信息，效果如图9-24所示。

图9-24

课后习题2——制作夹心饼干包装

习题2.1 项目背景及要求

❶ 客户名称

麦维特食品有限公司。

❷ 客户需求

麦维特食品有限公司是一家以经营膨化食品为主的食品公司。本案例要求为该公司新生产的全麦夹心饼干制作产品包装，包装要重点表现新产品的特色，与品牌的形象相贴合，吸引消费者的注意。

❸ 设计要求

（1）要求包装风格干净自然，突出产品卖点。

（2）实物图片的运用能够吸引消费者的注意。

（3）要求包装设计以紫色为底，与产品的颜色相协调。

（4）整体简洁直观、明快舒适，让人一目了然。

（5）设计规格为285mm（宽）×210mm（高），分辨率为300dpi。

习题2.2 项目素材及要点

❶ 素材资源

图片素材所在位置：学习资源\Ch09\素材\制作夹心饼干包装\01、02。

文字素材所在位置：学习资源\Ch09\素材\制作夹心饼干包装\文字文档。

❷ 作品参考

参考效果所在位置：学习资源\Ch09\效果\制作夹心饼干包装.cdr。

❸ 制作要点

使用"矩形"工具、"导入"命令、"旋转角度"选项和"水平翻转"按钮制作包装底图；使用"3点椭圆形"工具、"透明度"工具、"转换为位图"命令和"高斯式模糊"命令为产品图片添加阴影效果；使用"文本"工具、"拆分"命令、"转换为曲线"命令、"形状"工具和填充工具制作产品名称；使用"矩形"工具、"转角半径"选项、"移除前面对象"按钮、"文本"工具和"文本"泊坞窗制作营养成分标签；使用"矩形"工具、"椭圆形"工具、"调和"工具和"文本"工具制作品牌名称，效果如图9-25所示。

图9-25